自然
百科

U0724642

岩　石

自然百科编委会　编著

中国大百科全书出版社

图书在版编目（CIP）数据

岩石 / 自然百科编委会编著 . -- 北京 ： 中国大百
科全书出版社，2025. 1. --（自然百科）. -- ISBN 978-
7-5202-1676-0

Ⅰ . P583-49

中国国家版本馆 CIP 数据核字第 2025NQ2793 号

总 策 划：刘 杭 郭继艳
策划编辑：李秀坤
责任编辑：李秀坤
责任校对：邵桄炜
责任印制：王亚青
出版发行：中国大百科全书出版社有限公司
地 址：北京市西城区阜成门北大街 17 号
邮政编码：100037
电 话：010-88390811
网 址：http://www.ecph.com.cn
印 刷：唐山富达印务有限公司
开 本：710mm×1000mm 1/16
印 张：10
字 数：100 千字
版 次：2025 年 1 月第 1 版
印 次：2025 年 1 月第 1 次印刷
书 号：ISBN 978-7-5202-1676-0
定 价：48.00 元

本书如有印装质量问题，可与出版社联系调换。

—— 总　序

　　这是一套面向大众、根植于《中国大百科全书》第三版（以下简称百科三版）的百科通俗读物。

　　百科全书是概要记述人类一切门类知识或某一门类知识的完备的工具书。它的主要作用是供人们随时查检需要的知识和事实资料，还具有扩大读者知识视野和帮助人们系统求知的教育作用，常被誉为"没有围墙的大学"。简而言之，它是回答问题的书，是扩展知识的书。

　　中国大百科全书出版社从1978年起，陆续编纂出版了《中国大百科全书》第一版、第二版和第三版。这是我国科学文化建设的一项重要基础性、标志性、创新性工程，是在百年未有之大变局和中华民族伟大复兴全局的大背景下，提升我国文化软实力、提高中华文化国际影响力的一项重要举措，具有重大的现实意义和深远的历史意义。

　　百科三版的编纂工作经国务院立项，得到国家各有关部门、全国科学文化研究机构、学术团体、高等院校的大力支持，专家、学者5万余人参与编纂，代表了各学科最高的专业水平。专家、作者和编辑人员殚精竭虑，按照习近平总书记的要求，努力将百科三版建设成有中国特色、有国际影响力的权威知识宝库。截至2023年底，百科三版通过网站（www.zgbk.com）发布了50余万个网络版条目，并陆续出版了一批纸质版学科卷百科全书，将中国的百科全书事业推向了一个新的高度。

　　重文修武，耕读传家，是我们中国人悠久的文化传承。作为出版人，我们以传播科学文化知识为己任，希望通过出版更多优秀的出版物来落实总书记的要求——推动文化繁荣、建设中华民族现代文明，努力建设中国式现代化强国。

为了更好地向大众普及科学文化知识，我们从《中国大百科全书》第三版中选取一些条目，通过"人居环境""科学通识""地球知识""工艺美术""动物百科""植物百科""渔猎文明""交通百科"等主题结集成册，精心策划了这套大众版图书。其中每一个主题包含不同数量的分册，不仅保持条目的科学性、知识性、准确性、严谨性，而且具备趣味性、可读性，语言风格和内容深度上更适合非专业读者，希望读者在领略丰富多彩的各领域知识之时，也能了解到书中展示的科学的知识体系。

衷心希望广大读者喜爱这套丛书，并敬请对书中不足之处给予批评指正！

《中国大百科全书》编辑部

"自然百科"丛书序

在浩瀚的宇宙中，我们人类不过是一粒微尘，然而正是这粒微尘却拥有探索宇宙、理解自然、感悟生命的渴望。"自然百科"丛书旨在成为连接人类与自然万物的桥梁，通过《恒星》《太阳系》《山》《岩石》《矿物》《荒漠》《土壤》《湖》八个分册，带领读者踏上一段从宇宙深处到地球家园的多彩旅程。

《恒星》分册，我们从恒星形成讲起，它们不仅是夜空中闪烁的光点，更是宇宙历史的见证者。人类对恒星的观察和研究，不仅推动了天文学的发展，也让我们对宇宙有了更深的认识。

《太阳系》分册，我们将目光转向我们所在的太阳系，从太阳的炽热核心到遥远的柯伊伯带，探索八大行星的奥秘，以及那些无数的小天体。太阳系的研究，让我们对宇宙有了更深的理解，也让我们意识到在宇宙中，我们并不孤单。

《山》分册，我们回到地球，探索那些巍峨的山峰。它们塑造了地形，影响了气候，孕育了生物多样性。山与人类文明的发展紧密相连，无论是作为屏障还是通道，它们都是人类历史的重要组成部分。

《岩石》分册，我们深入地壳，了解构成地球的基石——岩石。岩石的种类、形成过程及它们在地质学中的作用，都是我们理解地球历史的关键。岩石是地球历史的记录者，它们见证了地球的变迁和生命的演化。

《矿物》分册，我们进一步探索岩石中的宝藏——矿物。矿物不仅是工业的原材料，也是自然界的艺术品。它们的独特性质和美丽形态，激发了人类对自然美的欣赏和对科学探索的热情。

《荒漠》分册，我们转向那些看似荒凉的荒漠。荒漠并非生命的禁区，而是适应极端环境生物的家园。荒漠的研究，让我们认识到地球生命的顽强和多样性，也提醒我们保护环境的重要性。

《土壤》分册，我们深入地球的皮肤——土壤。土壤能不断地供给植物所需的水分和养分，是农业生产的基本资料，是人类生存不可或缺的自然资源。对土壤的研究，让我们认识到土壤健康以及保护土壤的重要性。

《湖》分册，我们聚焦于那些静谧的湖泊。湖泊不仅是水资源的宝库，也是生态系统的重要组成部分。湖泊的研究以及它们对人类社会的影响，是我们理解地球水循环和保护水资源的关键。

"自然百科"丛书不仅是知识的汇集，也是启发思考的源泉。它帮助我们认识到，从宇宙到地球，每一个自然事物都与我们息息相关。通过这些知识，我们可以更好地理解我们所处的世界，更加珍惜和保护我们的自然环境。让我们翻开这些书页，一起探索、学习、感悟，与自然和谐共生。

自然百科丛书编委会

目 录

第 1 章　变质岩　1

第2章 火成岩 39

第 3 章　沉积岩　121

变质岩

变质岩是变质作用形成的岩石，是组成地壳的主要岩石类型。在变质作用中，由于温度、压力、应力和具有化学活动性流体的影响，在基本保持固态条件下，原岩的化学成分、矿物成分和结构构造会发生不同程度的变化。变质岩的主要特征是大多数具有结晶结构、定向构造（如片理、片麻理等）和由变质作用形成的特征变质矿物如红柱石、蓝晶石、十字石、堇青石、蓝闪石、硬柱石等。

◆ **化学成分**

在变质岩中，把具有同一原始化学成分而矿物共生组合不同的所有变质岩，称为等化学系列；而把在同一变质条件下形成的具有不同矿物共生组合的所有变质岩，称为等物理系列。变质岩与原岩的化学成分有密切关系，同时与变质作用的特点有关。变质岩的形成过程中，若无交代作用，除 H_2O 和 CO_2 外，变质岩的化学成分基本取决于原岩的化学成分；若有交代作用，则其成分既决定于原岩的化学成分，也决定于交代作用的类型和强度。变质岩的化学成分主要由 SiO_2、Al_2O_3、Fe_2O_3、FeO、MnO、CaO、MgO、K_2O、Na_2O、H_2O、CO_2 以

及 TiO_2、P_2O_5 等氧化物组成。由于形成变质岩的原岩不同、变质作用中各种性状具有的化学活动性流体的影响不同，变质岩的化学成分变化范围较大。例如，在岩浆岩（超基性岩－酸性岩）形成的变质岩中，SiO_2 含量多为 35% ～ 78%；在沉积岩（石英砂岩、硅质岩）形成的变质岩中，SiO_2 含量可大于 80%；而原岩为纯石灰岩时，SiO_2 含量可降低至零。在变质作用中，绝对的等化学反应是没有的。变质反应过程中总是有某些组分的带出和带入，原岩组分总是要发生某些变化，有时还非常显著。在通常的变质反应中，经常发生矿物的脱水和吸水作用、碳酸盐化和脱碳酸盐化作用，其过程除与温度、压力有关外，还和变质作用过程中 H_2O 和 CO_2 的性状有关。其他化学组分在不同的温度、压力以及外界组分的影响下，常表现出不同程度的活动性。例如，在接触交代变质作用过程中，侵入体和围岩之间通过双交代作用可形成夕卡岩。在区域变质作用过程中，岩石化学组分的稳定程度可用化合物（硅酸盐、氧化物、硫化物等）的生成热来表示，生成热越高，化合物越稳定。硫化物的生成热较低，氧化物和硅酸盐的生成热比硫化物高。因此，在区域变质作用过程中，当温度升高时，亲石元素（包括主要造岩元素 K、Na、Fe、Mg、Al、Si）保持稳定；而亲铜元素则根据其本身特性，呈现出不同的活动性。这一情况也部分地解释了区域变质作用过程中，岩石的主要造岩元素可以保持不变或稍有变化的原因。

◆ 变质矿物

变质岩除含有石英、长石、云母、角闪石、辉石、碳酸盐类等主要造岩矿物外，与岩浆岩和沉积岩相比，变质岩矿物成分的主要特点是常出现铝的硅酸盐矿物（红柱石、蓝晶石、夕线石），不含铁的镁硅酸盐矿物（橄榄石），复杂的钙镁铁锰铝的硅酸盐矿物（石榴子石类），铁镁铝的铝硅酸盐矿物（堇青石、十字石等），纯钙的硅酸盐矿物（硅灰石等），以及主要造岩矿物族中的某些特殊矿物（蓝闪石、绿辉石、文石、硬玉、硬柱石等）。变质岩的矿物成分决定于原岩成分和变质条件。原岩成分决定变质岩中可能出现什么矿物或矿物组合，如原岩为硅质石灰岩，主要成分为 $CaCO_3$ 和 SiO_2，经变质作用可能出现的矿物是石英、方解石、硅灰石、甲型硅灰石、灰硅钙石等；而变质条件则决定一定的原岩经变质作用后，具体出现什么矿物或矿物组合。如原岩为硅质石灰岩，在热接触变质作用中，如压力为 10 帕，温度低于 470℃ 时，形成石英和方解石；当温度大于 470℃ 时，则形成方解石和硅灰石或石英和硅灰石。原岩发生变质时，若不伴随交代作用，变质岩的矿物成分受上述两方面因素的共同制约。在有交代作用的情况下，变质岩的矿物成分除决定于原岩和变质条件外，还与交代作用的性质和强度有关。

变质岩的矿物成分，按成因可分为：①稳定矿物。在一定变质条件下稳定平衡的矿物。②不稳定矿物（残余矿物）。在一定变质条件下，由于反应不彻底而部分残留下来的非稳定矿物。不稳定矿物和稳定矿物之间常具有明显的置换关系。根据矿物稳定范围，变质岩的矿物成分还可分为：①特征矿物。稳定范围较窄，反映变质条件比较灵敏的矿物，如绢云母、绿泥石、蛇纹石、浊沸石、绿纤石等常为低级变质矿物；蓝晶石、十字石（中压）、红柱石、堇青石（低压）常为中级变质矿物；

紫苏辉石、夕线石常为高级变质矿物；蓝闪石、硬柱石、硬玉、文石，常为高压低温矿物等。②贯通矿物。可以在较大范围的温度、压力条件下形成和存在的矿物，如石英、方解石，当这类矿物单独出现时，一般不具有指示变质条件的意义。

◆ 结构

指变质岩中矿物的自形程度、粒度、形态及其相互关系等特征。变质岩结构按成因可划分为下列4类。

变余结构

又称残留结构。指变质岩中，由于变质作用不彻底而保留下来的原岩结构的残余。例如，原来沉积岩中的砾状结构、砂状结构，原来火成岩中的斑状结构、辉绿结构，有时在变质岩中仍保留下来，用前缀"变余"命名，如变余砂状结构、变余辉绿结构等。变质程度越低，原岩粒度越大，含水量越小，变余结构就越发育。变余结构对揭示变质岩的原岩类型和早期演化历史具有重要意义。

变晶结构

又称变成结构。变质作用过程中，岩石在固态条件由变质结晶作用形成的结构。变晶结构与火成岩结晶结构的区别在于，前者基本上在固态条件下形成，矿物的结晶受变质条件驱动，同一变质阶段的各种变质矿物基本上同时发生结晶；后者是在岩浆逐渐冷却过程中，各种矿物通常按一定次序发生结晶。变晶结构常用后缀"变晶"命名，如粒状变晶结构、鳞片变晶结构等。可根据自形程度、绝对粒度大小、相对粒度大小、形态和矿物之间的关系等几个方面命名。

按矿物的自形程度，可分为全自形、半自形和他形变晶结构等。与岩浆矿物不同，变质矿物的自形程度反映的不是结晶的先后次序，而是结晶力的大小。按矿物粒度的绝对大小，可分为粗粒（＞3毫米）、中粒（3～1毫米）、细粒（1～0.1毫米）和微粒（＜0.1毫米）等变晶结构。按矿物粒度的相对大小，可分为等粒、不等粒和斑状等变晶结构。按矿物的结晶习性和形态，又可分为粒状、鳞片状、纤－柱状等变晶结构。根据矿物的交生关系，可分为包含变晶结构、变质反应结构等。变晶结构是变质岩的主要特征及其成因和分类研究的基础。常见的变晶结构包括：

片状变晶结构

又称鳞片变晶结构。岩石发育片理主要由定向的云母、绿泥石或滑石等片状矿物组成，常见的岩石类型有千枚岩和云母片岩等。

粒状变晶结构

又称花岗变晶结构。岩石主要由长石、石英或方解石等粒状矿物组成，常见的构造有块状构造和片麻状构造。基性麻粒岩、石英岩、大理岩和浅粒岩等多具有这种结构。根据矿物颗粒的外形轮廓，粒状变晶结构可分为三种类型：①镶嵌粒状变晶结构。矿物颗粒呈多边形或浑圆状，彼此接触界线较平直或圆滑。②锯齿形粒状变晶结构。又称缝合粒状变晶结构。矿物颗粒的形状极不规则，彼此之间的接触界线呈锯齿状或缝合线状。③角岩状结构。是接触变质成因的角岩的特征结构。其矿物粒度较小且均匀（细粒－微粒），彼此镶嵌且呈不定向排列。

斑状变晶结构

岩石中的矿物明显由两类粒度差别较大的矿物组成,其中较大的矿物晶体称为变斑晶,较小的矿物称为(变)基质。斑状变晶结构与火成岩中斑状结构的区别在于其变斑晶和(变)基质可以同时形成,变斑晶一般是结晶力相对较强的矿物,其中往往包裹有基质矿物;而斑状结构中的斑晶和基质是从岩浆中结晶形成的,斑晶比基质矿物先结晶,因此斑晶中不会包裹基质矿物。

纤－柱状变晶结构

岩石主要由角闪石、夕线石、硅灰石等长柱状或纤维状矿物组成。这些矿物有时呈无定向的放射状分布,形成块状构造,常见于交代变质岩中;有时则表现为束状集合体定向分布,形成面理,常见于片岩中。

筛状变晶结构

包含变晶结构的一种。在较大的矿物中包有大量其他细小粒状矿物,使变斑晶具有筛网状形貌,常发育在斑状变晶结构岩石的变斑晶中。例如,中低级变质岩石中的石榴子石和蓝晶石等变斑晶中常包裹有石英和长石等基质矿物,形成独特的筛状变晶结构。

变质反应结构

变质作用过程中能够指示变质反应发生的结构。表现为某种矿物的边缘或内部有规律地分布一种或几种其他矿物。当反应完全时,需要借助生成矿物的化学成分和矿物形貌来恢复反应矿物的特点。变质反应结构的表现形式主要有如下几种:①反应边结构。又称次变边结构或冠状体结构。反应矿物的边缘被一种或几种生成矿物代替环绕。②后成合晶结构。反应矿物周围有几种生成矿物呈蠕虫状交生。③出溶结构。某种矿物内部有一种或几种大致沿一定方向分布的其他矿物的粒状或长条状晶体。出溶结构是在变质作用过程中，由于温度或压力降低，原来的固溶体矿物发生溶离作用所形成。

交代结构

指变质作用过程中由交代作用形成的结构。如交代假象结构，表示原有矿物被化学成分不同的另一新矿物所置换，但仍保持原来矿物的晶形甚至解理等内部特点；交代残留结构，表示原有矿物被分割成零星孤立的残留体，包裹在新生矿物之中，呈岛屿状；交代条纹结构，表示钾长石受钠质交代，沿解理呈现不规则状钠长石小条等。交代结构在形成过程中有化学活性成分的带入和带出，岩石中原有矿物的分解和新矿物的形成基本是同时进行的。新矿物既可以部分或全部置换原有矿物且保持其形貌，又可在流体作用下经变质反应晶出。交代结构对判别交代作用特征具有重要意义。

变形结构

岩石在应力作用下，发生碎裂、变形而形成的结构，如碎裂结构、碎斑结构、糜棱结构等。变形结构受原岩性质、应力强度、作用方式和持续时间等因素的影响。

◆ 构造

指变质岩中各种矿物的空间分布和排列方式。变质岩构造按成因分为：

变余构造

变质作用不彻底，变质岩中所保留的原岩构造。用前缀"变余"命名。例如，与沉积岩有关的变余层理构造、变余波痕构造等；与火山岩有关的变余气孔构造、变余枕状构造等。

变成构造

变质作用过程中由变质作用形成的构造。根据有无定向可分为定向构造和无定向构造，以后者居多。定向构造可分为面状构造和线状构造；无定向构造有块状构造、斑点状构造。常见的变成构造有：

板状构造

岩石在构造应力作用下常形成一组密集平行的破劈理，这些破劈理构成板状构造的板理。具有板状构造的岩石重结晶作用不明显，板理面上常见较弱的丝绢光泽，系由细小的绢云母和绿泥石等重结晶所致，岩石主要为变余泥质结构。

千枚状构造

面状构造的一种。岩石中的各种组分已基本重结晶并定向排列构成千枚理，但矿物的粒度细小，肉眼不能分辨，仅在片理面上见强烈的丝绢光泽。

片状构造

面状构造的一种。主要由片、柱状矿物（如云母和角闪石等）和部分粒状矿物（如石英、长石等）定向排列而成。与千枚状构造不同的是，具有片状构造的岩石重结晶程度高些，矿物肉眼可以辨认。

片麻状构造

面状构造的一种。主要由粒状矿物和少量的片、柱状矿物定向排列而成。由于片、柱状矿物含量少，故在岩石中断续分布，构成片麻理。

条带状构造

岩石中的片、柱状或粒状矿物分别集中分布，形成颜色和粒度不同的条带。该构造既可以是受到原岩局部成分域的控制，也可以是变质分异作用的结果。

块状构造

变质岩中的矿物和矿物集合体均匀分布，排列无定向性。该构造表明变质过程中的应力作用不明显，如接触变质成因的角岩和大理岩。

斑点状构造

变质作用初期，岩石中由于某些组分的局部集中所形成的形状不一、大小不等的斑点，构成斑点状构造。斑点的成分有碳质、硅质和铁质物质，或者是红柱石、堇青石和云母等矿物的雏晶。

◆ 分类

按变质作用类型和成因，把变质岩分为下列岩类：①区域变质岩类。由区域变质作用所形成，如板岩、千枚岩、片岩、片麻岩、绿片岩、斜长角闪岩、麻粒岩、榴辉岩、蓝闪石片岩等。②热接触变质岩类。由热接触变质作用所形成，如斑点板岩、角岩等。③接触交代变质岩类。由接触交代变质作用所形成，如各种夕卡岩。④动力变质岩类。由动力变质作用所形成，如压碎角砾岩、碎裂岩、碎斑岩、糜棱岩等。⑤气液变质岩类。由气液变质作用形成，如云英岩、次生石英岩、蛇纹岩等。⑥冲击变质岩类。由冲击变质作用所形成。在每一大类变质岩中可按等化学系列和等物理系列的原则，再做进一步划分。在早期的分类方案中，还出现过从原岩的物质成分与类型出发，依次按变质作用过程发生的变化与生成的岩石进行的分类。所有这些分类，原则不尽相同，强调的分类依据也有差别。原岩类型和变质作用性质是变质岩分类的两个主要基础，但原岩类型的复杂性和变质作用类型的多样性，给变质岩的分类带来许多困难。以变质作用产物的特征（变质岩的矿物组成、含量和结构构造）对变质岩进行分类，是主要的趋势。

◆ 分布

变质岩在地壳内分布很广，大陆和洋底都有，在时间上从太古宙至现代均有产出。在各种成因类型的变质岩中，区域变质岩分布最广，其他成因类型的变质岩分布有限。区域变质岩主要出露于各大陆的前寒武纪地盾和地块以及显生宙各时代的变质活动带（通常与造山带紧密伴生）。区域变质岩在地盾和地块上的出露面积很大，常为数万至数十万平方千米，有时可达百万平方千米以上，约占大陆面积的 18%。前寒武纪地盾和地块通常组成各大陆的稳定核心，而古生代及以后的变质活动带常常围绕前寒武纪地盾或地块，呈线型分布，如加拿大地盾东面的阿巴拉契亚造山带、波罗的地盾西北面的加里东造山带、俄罗斯地块南面的华力西造山带和阿尔卑斯造山带等。有些年轻的变质活动带往往沿大陆边缘或岛弧分布，在太平洋东岸和日本岛屿表现明显，其分布表明大陆是通过变质活动带的向外推移而不断增长的。在另一些情况下，变质活动带也可斜切古老结晶基底而分布，代表大陆经解体而形成的陆内地槽，并将发展成新的台槽体系。20 世纪 60 年代以来还发现，在大洋底部的沉积物和玄武质岩石之下有变质的玄武岩、辉长岩等岩石的广泛分布，这些岩石是由洋底变质作用形成的。由岩浆作用形成的各种接触变质岩石，仅局限于侵入体和火山岩体周围，分布面积有限，但分布的地区却十分广泛，不同地质时期和构造单元内均有产出。由碎裂变质作用形成的各种碎裂变质岩，分布更有限，其分布严格受各种断裂构造的控制。变质岩在中国的分布也很广。华北地块和塔里木地块主要由早前寒武纪的区域变质岩和混合岩组成，并构成了中国大陆的古老核心。震旦纪以后的变质活动带则围绕或斜切地块呈线型分布。

◆ **矿产**

变质岩分布区矿产丰富，世界上发现的每种矿产在变质岩系中几乎都存在，许多特大型矿床，如金、铁、铬、镍、铜、铅、锌、滑石、菱镁矿等，主要分布于前寒武纪变质岩中，其成因大多与变质岩的形成有关。其他如与夕卡岩有关的铁矿床、铜铅锌等多金属矿床、与云英岩有关的钨锡钼铋铍钽矿床等，也与变质岩的形成有关。

冲击岩

冲击岩是原岩经冲击变质作用改造而成的特殊变质岩。陨石冲击星体表面时的动态高压和瞬时高温所导致的变质作用，称为冲击变质作用。冲击岩在月球、金星、火星、水星和地球上均有分布，但地球上保存不多。冲击岩由部分或全部熔化的单成分和复成分的玻璃、岩石和矿物的碎屑组成，其标志性矿物有柯石英、斯石英、斜锆石、焦石英等。长石、石英等矿物在陨石冲击波的影响下，往往变为非晶质、低温固态转变相，称为冲变玻璃。冲变玻璃与一般玻璃不同，冲变玻璃无流动构造、无气孔；与同成分的玻璃相比，具有较高的密度和折射率。冲变玻璃的存在是岩石受过冲击变质的主要见证。

根据冲击岩的产出特征、岩石的结构构造、碎屑颗粒大小及基质类型，可划分为碎屑状冲击岩和块状冲击岩。①碎屑状冲击岩。多出现于陨石坑接近冲击中心或爆炸中心的位置。碎屑状冲击岩的玻璃基质中含有角砾状碎屑，外表与火山凝灰角砾岩或浮石状凝灰岩相似，但具有明显的冲击变质标志。碎屑状冲击岩又称陨击角砾岩。②块状冲击岩。冲击成因玻璃含量至少在10%以上，一般都在50%～60%。根据岩性特征，块状冲击岩可以进一步划分为两个亚类：一个亚类是由单成分玻璃或其结晶产物组成，并保留了原岩构造特点的块状冲击岩，是由原岩直接冲击熔化所造成，没有发生混合；另一个亚类由复成分玻璃或其结晶产物所组成，其原岩构造特点已彻底消失了的块状冲击岩，是在熔融体位移时发生高度混合条件下生成的。根据冲击变质转化的程度和物质位移的程度，可将冲击岩进行综合分类。

冲击岩标本

板 岩

板岩是岩性致密、板状劈理发育、能裂开成薄板的低级变质岩。组成板岩的矿物颗粒很细，难以用肉眼鉴别。由于原岩成分没有明显的重结晶现象，新生矿物很少，以隐晶质为主，常有变余结构和构造。在显微镜下观察，可见一些细小的不均匀分布的石英、绢云母、绿泥石等矿物，但大部分仍为隐晶质的黏土矿物及碳质和铁质粉末。常见残留的泥质、粉砂质或凝灰质结构和变余层理构造，有时有斑点构造。原岩为黏土岩、粉砂岩或中酸性凝灰岩。板岩裂开的方向与原岩层理无关，而与其受应力作用的方向有关。根据其颜色或所含杂质可进一步划

板岩标本

分，如碳质板岩、钙质板岩、黑色板岩等。如出现少量空晶石等变斑晶或斑点状集合体，可称为空晶石板岩、斑点板岩等。板岩在经受区域低温动力变质作用的地区分布广泛，如中国北方早元古宙的滹沱群、南方晚元古宙的板溪群和昆阳群都有大量分布。板岩常用作房瓦及石砚等的原料。

易剥钙榴岩

易剥钙榴岩是细粒、致密、淡绿或者淡粉色的富钙、低硅、贫钠和钾的变质岩。是钙硅酸盐岩的一种。易剥钙榴岩的基本矿物组成为钙铝榴石、符山石、斜黝帘石、透辉石和绿泥石，有时也有葡萄石、绿纤石、金云母和透闪石出现。在空间上与超基性岩紧密伴生，这些超基性岩大多数见于不同程度蛇纹岩化。在蛇纹岩岩体中表现为被交代的岩脉或岩

墙，也出现在蛇纹岩及其围岩的接触交代边界中。易剥钙榴岩的形成是超基性岩在蛇纹岩化过程中产生的富钙、镁但硅不饱和流体对伴生的镁铁质岩石或其他岩石进行交代的结果。形成于绿片岩相或更低级的洋底变质作用，也可以是俯冲带高压变质岩折返过程局部流体交代的产物，如中国新疆西南天山长阿吾子一带的易剥钙榴岩。

大理岩

大理岩是主要由方解石、白云石等碳酸盐类矿物组成的变质岩。因在中国的云南省大理县盛产这种岩石而得名，一般常称大理石。商业上和工艺技术上往往把磨光后能够作装饰用的富钙的岩石（如结晶灰岩、白云岩）和某些蛇纹岩等也称为大理石，但在地质学上大理岩则限于碳酸盐类变质岩。

◆ 矿物成分

大理岩是由石灰岩、白云质灰岩、白云岩等碳酸盐岩石经区域变质作用和接触变质作用形成，方解石和白云石的含量一般大于 50%，有的可达 99%。但是除少数纯大理岩外，一般大理岩中往往含有少量其他变质矿物。由于原来岩石中所含的杂质种类不同（如硅质、泥质、碳质、铁质、火山碎屑物质等），以及变质作用的温度、压力和水溶液含量等的差别，大理岩中伴生的矿物种类也不同。例如，由较纯的碳酸盐岩石形成的大理岩中，方解石和白云石占 90% 以上，有时可含很少石墨、白云母、磁铁矿、黄铁矿等，在低温高压条件下方解石可转变成文石；在由含硅质的碳酸盐岩石形成的大理岩中，中、低温时可含滑石、透闪石、阳起石、石英等，中、高温时可含透辉石、斜方辉石、镁橄榄石、硅灰石、方镁石等，在高温低压条件下可出现粒硅钙石、钙镁橄榄石、镁黄长石等；在由含泥质的碳酸盐岩石形成的大理岩中，中、低温时可含蛇纹石、绿泥石、绿帘石、黝帘石、符山石、黑云母、酸性斜长石、微斜长石等，中、高温时可含方柱石、钙铝榴石、粒硅镁石、金云母、尖晶石、磷灰石、中基性斜长石、正长石等。

◆ **结构构造**

大理岩一般具有典型的粒状变晶结构，粒度一般为中、细粒，有时为粗粒。岩石中的方解石和白云石颗粒之间成紧密镶嵌结构。某些区域变质作用形成的大理岩中，由于方解石的光轴定向排列，使大理岩具有较强的透光性，如有的大理岩可透光2厘米，个别大理岩的透光性可达3～4厘米，成为优良的雕刻材料。大理岩的构造多为块状构造，也有不少大理岩具有大小不等的条带、条纹、斑块或斑点等构造，经加工后便成为具有不同颜色和花纹图案的装饰建筑材料。

◆ **颜色**

除纯白色外，有的大理岩还具有各种美丽的颜色和花纹，常见的颜色有浅灰、浅红、浅黄、

大理岩标本

绿色、褐色、黑色等。产生不同颜色和花纹的主要原因是大理岩中含有少量有色矿物和杂质，如含锰方解石组成的大理岩为粉红色，含石墨的为灰色，含蛇纹石为黄绿色，含绿泥石、阳起石和透辉石为绿色，含金

云母和粒硅镁石为黄色，含符山石和钙铝榴石为褐色等。

◆ 分布

大理岩分布很广，在世界各地前寒武纪地盾和地块以及中生代、古生代以后的变质作用活动的地区均有出露。大理岩往往和其他变质岩共生，有的呈厚度不等的夹层产出，有的则以大理岩为主，夹杂其他变质岩，厚度可达数百米。含有大理岩地层的同位素年龄最大可达37.6亿年。在中国，大理岩产地遍布全国，其中以云南省大理县点苍山最为著名。点苍山大理岩具有各种颜色的山水画花纹，是名贵的雕刻和装饰材料。北京房山大理岩有白色和灰色两种。白色大理岩为细粒结构，质地均匀致密，称为汉白玉；灰色大理岩为中细粒结构，并具有各种浅灰色细条纹状花纹，称为艾叶青。这两种大理岩均是优质的雕刻和建筑材料。广东云浮、福建屏南、江苏镇江、湖北大冶、四川南江、河南镇平、河北涿鹿、山东莱阳、辽宁连山关等地都产有各种大理岩。

◆ 用途

大理岩主要用作雕刻和建筑材料。雕刻用的主要是纯白色细粒均匀透光性强的大理岩。透光性强可以提高大理岩的光泽。常用于建造纪念碑、铺砌地面、墙面以及雕刻栏杆等，也用作桌面、石屏或其他装饰，根据不同的需要可以用纯白色结构均匀的大理岩，也可以用具有各种颜色和花纹的大理岩。在电工材料中用作隔电板的大理岩，要求绝缘性能好，不能含有杂质，尤其是黄铁矿、磁铁矿等导电杂质。含钙高的大理岩还可作为石灰和水泥原料等。中国是使用大理岩最早和最多的国家之一，在公元前12世纪的商代就有用大理岩雕刻的水牛。北京和全国各地许多著名的古代和现代建筑中都广泛使用了大理岩。天安门前的华表、故宫内的汉白玉栏杆及保和殿后面重达 250 吨的云龙石、人民英雄纪念碑的浮雕、人民大会堂门前的大石柱和宴会厅等都是用大理岩装饰而成。

石英岩

石英岩是主要由石英组成的变质岩。主要用于冶炼有色金属的溶剂、制造酸性耐火砖（硅砖）和冶炼硅铁合金等。

由石英砂岩及硅质岩经变质作用形成。常为粒状变晶结构，块状构造。按石英含量可分为两类：①长石石英岩。石英含量大于 75%，常含长石及云母等矿物，长石含量一般少于 20%。若长石含量增多，则过渡为浅粒岩。②石英岩。石英含量大于 90%，可含少量云母、长石、磁铁矿等矿物。石英岩的原岩可以是单矿物石英砂岩，含泥质、钙质石英砂岩，胶体沉积的硅质岩（包括陆源碎屑溶解再沉积的硅质岩、与火山喷气有关的硅质岩）和深海放射虫硅质岩等。不同原岩形成的石英岩，可根据结构、变晶程度、副产物、岩石

石英岩标本

共生组合及产状等加以区分。例如，由单矿物石英砂岩形成的石英岩，粒度较粗，常具典型的平衡镶嵌结构，含有较多的锆石等副矿物；由硅质岩形成的石英岩，即使受到高级变质作用，矿物粒度也很少大于 0.2

毫米，而且具有齿状交生结构，一般不含副矿物。石英岩的主要用途是作为冶炼有色金属的溶剂、制造酸性耐火砖（硅砖）和冶炼硅铁合金等。中国北方长城系底部有大量石英岩分布。

角 岩

角岩标本

角岩是具有细粒变晶结构和致密块状构造的热接触变质岩，又称角页岩。角岩的原岩可以是泥质、粉砂质、砂质沉积岩，也可以是各种火山岩。岩石中新生成的矿物有石英、长石、黑云母，可见红柱石、堇青石、石榴子石、夕线石、角闪石、辉石等。角岩常按所含主要矿物和特征变质矿物种类进一步命名，如长英角岩、堇青石黑云母角岩等。热接触变质作用形成的角岩常与某些非金属矿床伴生，如石墨、刚玉、红柱石等。

夕卡岩

夕卡岩是主要由富钙或富镁的硅酸盐矿物组成的变质岩。矿物成分主要为石榴子石类、辉石类和其他硅酸盐矿物。细粒至中、粗粒不等粒结构，条带状、斑杂状和块状构造。其颜色取决于矿物成分和粒度，常为暗绿色、暗棕色和浅灰色，密度较大。根据成分可分为以下几种类型：①钙质夕卡岩。是由交代石灰岩形成的。主要矿物有石榴子石（钙铝榴石－钙铁榴石系列）和辉石（透辉石－钙铁辉石系列），有时含有符山

石、硅灰石、方柱石、绿帘石、
磁铁矿、碳酸盐类矿物和石英。
②镁质夕卡岩。是由交代白云
岩或白云岩化石灰岩形成的。
标型矿物有透辉石、镁橄榄石、
尖晶石、金云母、硅镁石、蛇
纹石、韭闪石、硼镁铁矿、磁

夕卡岩标本

铁矿和白云石。③硅酸盐夕卡岩。是由硅酸盐岩石受交代作用而形成。
其成分与钙质夕卡岩相似，最典型的矿物是方柱石。

　　夕卡岩一般是侵入体附近的碳酸盐岩或硅酸盐岩经接触交代变质作
用形成的。其他成因的、具有夕卡岩矿物组成的类似岩石，分别称为：
①夕卡岩类。由不纯的碳酸盐岩石，如泥灰岩、钙质凝灰岩和类似岩石
变质而成。②近夕卡岩。由长石、石英、方柱石或绿帘石组成的并与侵
入体一侧的夕卡岩相毗邻的岩石。③似夕卡岩。矿物组成与夕卡岩相似
而成因尚不能确定的岩石。④自反应夕卡岩。由超基性岩、碱性超基性
岩同辉长岩发生钙交代作用而形成的岩石。夕卡岩通常按主要矿物直接
命名，如石榴子石夕卡岩、透辉石夕卡岩等。与钙质夕卡岩有关的矿产
有铁、钴、铜、铂、钨、钼、铅、锌、金、锡、钪、铌、稀土和铀等；
与镁质夕卡岩有关的矿产有硼、铁－锌和金云母等。

蛇纹岩

　　蛇纹岩是几乎全部由蛇纹石矿物组成的岩石，又称蛇纹石岩。由纯

橄榄岩、橄榄岩等超镁铁质岩石，经热液交代使其中的橄榄石和辉石发生蚀变而形成。常见矿物成分除蛇纹石外，还有菱镁矿、白云石、滑石、水镁石、磁铁矿、铬铁矿等。当原岩含有普通角闪石时，则可能出现透闪石。

蛇纹岩一般为隐晶质块状，常呈暗绿、黄绿及黑绿色，颜色不均匀。颜色深浅决定于磁铁矿等金属矿物的含量和粒度的大小。风化后可变为灰白色土状。

橄榄岩蚀变为蛇纹岩，大致经过热液蚀变阶段和区域变质阶段。①热液蚀变阶段。原岩中的橄榄石变为利蛇纹石及纤蛇纹石，并析出磁铁矿；辉石变为绢石，即具辉石假象的利蛇纹石，同时也析出磁铁矿；铬尖晶石蚀变为蛇纹石、绿泥石及铬铁矿或磁铁矿。原岩中的普通角闪石经蚀变形成透闪石，并析出磁铁矿。蚀变形成的蛇纹岩由含过量的水和 $Fe^{2+}/(Fe^{2+}+Fe^{3+}+Al)$ 比值较低的利蛇纹石及纤蛇纹石、水镁石等组成，

蛇纹岩标本

具变余多边形粒状结构、网环结构、交代残余结构、交代假象结构等。蛇纹岩大多是由 85 ~ 185℃ 的低温热液作用于原生矿物，发生水化而形成的。②区域变质阶段。温度为 220 ~ 460℃，利蛇纹石变为叶蛇纹石，其中不含过量的水，且 $Fe^{2+}/(Fe^{2+}+Fe^{3+}+Al)$ 比值较高。此外还有碳酸盐、滑石、石英等构成叶蛇纹石蛇纹岩。往往具交生叶片结构、叶

片席状编织结构。蛇纹石的最高稳定温度是 500℃，所以角闪岩相以上的温度下叶蛇纹石消失，被镁橄榄石和滑石所取代，650℃ 左右出现直闪石，700℃ 以上出现顽火辉石。

纯橄榄岩中的橄榄石若全部变为蛇纹石，则新生成的蛇纹岩的体积膨胀达 40%。这就导致蛇纹岩中裂隙非常发育。这些裂隙成了流体的通道，被纤蛇纹石及石棉所充填。

蛇纹岩多分布于构造活动带，如中国内蒙古、祁连山、秦岭、滇西、川西、昆仑山、天山等地均有规模较大的蛇纹岩岩体。与蛇纹岩有关的矿产资源有铬、镍、钴、铂、石棉、滑石、菱镁矿等。蛇纹岩本身也是很好的装饰石材和化肥原料。祁连山等地产的蛇纹岩质地细密，可用以雕刻器件。用蛇纹岩制成的酒杯色如琥珀，半透明，人称夜光杯。唐人有"葡萄美酒夜光杯"之诗句，可以推想唐朝时已具备此种工艺。

孔兹岩

孔兹岩是含石墨富铝的片岩、片麻岩夹大理岩和石英岩的区域变质岩组合，又称孔兹岩系。因最早发现于印度格勒亨地东南部孔兹人居住地区而得名。其矿物组合为石榴子石、夕线石、石英和石墨。后来把印度其他地区，以及缅甸、斯里兰卡等地相同类型的变质岩均称孔兹岩。

20 世纪 80 年代，研究者对孔兹岩提出了新的看法，认为孔兹岩系由下列各种岩石组成：①含和不含石榴子石的花岗片麻岩、注入片麻岩或混合岩；②含和不含石榴子石的石英–长石变粒岩和片麻岩；③含石榴子石的黑云母片麻岩；④石榴子石－夕线石－石墨片岩和片麻岩；⑤结晶灰岩、钙硅酸盐岩和钙质麻粒岩；⑥石英岩、石榴子石－石英岩、石榴子石麻粒岩、磁铁石英岩。一般认为孔兹岩系的原岩，属于稳定的陆棚浅海沉积物。对其中高铝岩石的成因，一种观点认为属古风化壳，另一种观点认为是由变质沉积岩在麻粒岩相条件下，经部分熔融后的残留物。也有人认为某些地区孔兹岩系的原岩为典型的浊流沉积物。孔兹岩系中的矿产，以同生沉积的石墨、夕线石、大理岩、晶质磷矿等非金属矿产为主。

青磐岩

青磐岩是与中、低温热液作用有关的交代蚀变岩。青磐岩通常是指中性及中酸性火山岩、潜火山岩，在同生的火山成因流体作用下所产生的热液交代蚀变岩。青磐岩一词是德国地理学家 F.von 李希霍芬于 1868 年最先提出的，用以指由安山岩热液蚀变而来的岩石，所以一些中文文献中又称为变安山岩。

青磐岩的特征矿物有绿泥石、绿帘石、钠长石、碳酸盐矿物（包括方解石、白云石、铁白云石、菱铁矿和菱锰矿）和黄铁矿等。有时有阳起石（或纤闪石）、绢云母、石英、黝帘石和冰长石等。从其矿物组成可以看出，这种火山成因交代蚀变的流体应富含二氧化碳、硫或硫化氢。青磐岩多呈暗绿、绿、褐绿等颜色。色调反映出所含的矿物成分：绿色色调说明以绿泥石、绿帘石等为主；褐色和褐绿色表明岩石中含有硫化物。青磐岩外貌上保持原火山岩的特征，并常保留原岩结构，如变余安山结构、变余火山碎屑结构等。与青磐岩有关的矿床有黄铁矿矿床、脉状铜多金属矿床、斑岩铜矿、金－金银矿床等。中国长江中下游的宁芜铁矿近矿围岩蚀变中，青磐岩化占重要地位。

榴辉岩

榴辉岩是主要由绿辉石和石榴子石组成的高压变质岩。榴辉岩中绿辉石为含透辉石、硬玉组分等的单斜辉石，石榴子石为含钙的铁镁铝榴石。可含石英、蓝晶石、顽火辉石、橄榄石、金红石、硬柱石等，有的还含普通角闪石、黝帘石、榍石等矿物，但不含斜长石。一般为深色，粗粒不等粒变晶结构，块状构造，密度较大，呈块状体或层状体产出。常以次要的特征矿物命名，如蓝晶石榴辉岩等。化学成分与玄武岩相似，产状和成因比较复杂。可作为包体产在金伯利岩中；也可在石榴橄榄岩侵入体中呈条带产出；可与麻粒岩相和角闪岩相岩石伴生；也可在高压变质带的蓝片岩中出现。产状的不同，反映了榴辉岩成因的复杂性。榴辉岩的成因说法不一，主要观点

榴辉岩标本

有：在地幔形成，是地幔物质在一定深度的结晶产物，或是地幔岩石部分熔融的残留体；是玄武岩在大陆地壳深部或深俯冲至地幔，在超高压条件下变质的产物；在高岩压下，由玄武质岩浆结晶形成。榴辉岩的形成压力极高，为 $1.1\times10^9\sim1.5\times10^9$ 帕，最高可达 3×10^9 帕；温度范围较宽，为 $450\sim850$℃。

云英岩

云英岩是由酸性火成岩、沉积岩和变质岩经过气成热液交代蚀变而石英化的岩石。云英岩的矿物成分除石英外，主要是白云母（含氟）或锂云母，还有金红石、电气石、黄玉、萤石，偶见绿柱石、绿泥石以及一些与钨、锡、钼和铜金属矿物－石英脉相伴生的矿物，如黑钨矿、锡石、白钨矿、辉钼矿、黄铜矿、黄铁矿、自然铋、毒砂和闪锌矿等。

云英岩标本

云英岩多产于酸性、中酸性火成岩（SiO_2 含量 69% ～ 75%）侵入体的周围或其顶部的沉积岩或变质岩围岩中，其成分为中酸性或酸性。是含氟、硼、锂的流体沿着花岗岩的裂隙上升，交代蚀变两侧围岩的结果。

从花岗岩到云英岩是一个渐变的过程。蚀变开始时，在花岗岩的组成矿物中，黑云母最易于被绿泥石＋绢云母＋金红石所交代；其次斜长石变为绿帘石＋绢云母＋钠长石；最后是钾长石的分解。云英岩化过程中绿泥石、绢云母、绿帘石和钠长石均消失，绢云母变成了白云母，石英含量增加，同时出现黄铁矿和萤石等特征性的气成矿物，此时岩石已完全变成云英岩。

云英岩按产状可分两类：①脉型。多为充填裂隙的气成热液脉体两侧的围岩蚀变带，厚度不大，较少含矿，但分布面广。②密集型。多呈厚大的网脉状或岩株状，产于岩体及周围的裂隙或张裂带内，向两侧渐变成围岩。含矿性强，但分布面不广。

云英岩是重要的找矿标志。电气石黄玉型云英岩是锡矿的找矿标志，尤其对于指示云英岩中浸染型锡矿的存在更有价值；电气石云英岩，特别是电气石绿泥石云英岩对于锡硫化物矿脉有指示意义；萤石云英岩是钨矿的标志，而萤石白云母云英岩则对于钼矿脉有指示意义。中国南岭钨锡成矿区也是云英岩发育区。

变粒岩

变粒岩是以长石和石英为主，具细粒变晶结构的区域变质岩。变粒岩中长石含量大于25%，片、柱状矿物含量小于30%，粒度一般小于0.5毫米。片麻状构造不明显，常有微细层理或条带状构造，有时具韵律构造。粒度增大时，可过渡为片麻岩。片、柱状矿物小于10%时，称为浅粒岩。变粒岩是由半黏土质岩石或中、酸性火山岩经区域变质作用形成。变粒岩中可有石榴子石、角闪石、辉石等矿物。比较特殊的变粒岩有电气石变粒岩、不含石英的钾长变粒岩和钠长变粒岩、含钙硅酸盐矿物的变粒岩等。变粒岩在中国辽东半岛、山东半岛、河北东部、山西北部等地均有大量出露。变粒岩中常见的重要矿产有硼矿、铁矿、蓝晶石矿及石墨矿等。

石榴变粒岩

次生石英岩

次生石英岩是热液交代蚀变岩石。主要矿物组成是石英，共生矿物随地质条件的差异而有所不同，非金属矿物多为富铝矿物类，如刚玉、硬水铝石、明矾石、叶蜡石、红柱石、黄玉、蓝线石、绢云母、珍珠石、迪开石等，其他伴生矿物可有赤铁矿、黄铁矿和金红石等。

次生石英岩一词 1925 年出现于哈萨克斯坦，其含义是泛指一切石英化的岩石。从 1931 年开始，次生石英岩的定义具有成因意义，专指蚀变的岩石。西方文献中不用或少用次生石英岩这样的术语。次生石英岩是酸性、中酸性和中性火山岩或潜火山岩受成矿热液的影响，发生物质成分迁移，导致岩石强烈石英化的结果。硅酸盐岩石的石英化势必引起富铝或相对高铝矿物的富集，这便是次生石英岩中多富铝矿物的原因。在有些地区，次生石英岩是刚玉矿床的围岩。次生石英岩是一些热液金属（铜、银、金等）矿床近矿围岩交代蚀变的产物，并可成为寻找盲矿体的一种地质标志。

次生石英岩质地细腻，可成为很好的玉石材料，用以雕刻印章或其他工艺品。浙江南部的青田石、福建沿海的寿山石等，主要是叶蜡石次生石英岩。有些叶蜡石次生石英岩粒度极细，成为一种天然的纳米材料。中国次生石英岩的分布除闽、浙沿海外，还有长江中下游和内蒙古巴林右旗等。国外重要产地有哈萨克斯坦、乌拉尔等地。

千枚岩

千枚岩是显微变晶片理发育面上呈丝绢光泽的低级变质岩。典型的矿物组合为绢云母、绿泥石和石英，可含少量长石及碳质、铁质等物质，有时还有少量方解石、雏晶黑云母、黑硬绿泥石或锰铝榴石等变斑晶。常为细粒鳞片变晶结构，粒度小于0.1毫米，片理面上常有小皱纹构造。原岩为黏土岩、粉砂岩或中酸性凝灰岩，是低级区域变质作用的产物。因原岩类型不同，矿物组合也有所不同，从而形成不同类型的千枚岩。如黏土岩可形成硬绿泥石千枚岩；粉砂岩可形成石英千枚岩；酸性凝

千枚岩标本

灰岩可形成绢云母千枚岩；中基性凝灰岩可形成绿泥石千枚岩等。千枚岩可按颜色、特征矿物、杂质组分及主要鳞片状矿物，进一步划分为银灰色绢云母千枚岩、灰黑色碳质千枚岩及灰绿色硬绿泥石千枚岩等。千枚岩形成于不同地质时代，分布很广。

斜长角闪岩

　　斜长角闪岩是主要由角闪石和斜长石组成的中、高级区域的变质岩，又称角闪岩。斜长角闪岩中角闪石和斜长石的含量相近，可含少量石英、铁铝榴石、黑云母、单斜辉石和斜方辉石。常为中、细粒粒状变晶结构，可具有块状、条带状或芝麻点状构造。斜长角闪岩的原岩可以是辉长岩和辉绿岩等侵入岩、玄武质熔岩或凝灰岩、泥质灰岩或钙质页岩等，但准确鉴定其由何种原岩形成的斜长角闪岩，需要对斜长角闪岩的产状、接触关系、结构构造、矿物成分、地球化学和副矿物特征等作综合研究。

钙硅酸盐岩

钙硅酸盐岩是变质碳酸盐岩与泥质变质岩以及变质碳酸盐岩与长英质岩石之间的过渡岩石类型。钙硅酸盐岩由区域变质作用或者气成水热变质作用形成。化学成分上不仅富硅、富钙，有时候也会富铝、富镁和铁、钠、钾成分。其原岩类型以泥灰岩和钙质泥岩为主，也可以是钙质砂岩。按照结构构造和成分特征，可以划分为钙质板岩、钙质千枚岩、钙质片岩、钙镁硅酸盐片岩、钙镁硅酸盐片麻岩和钙镁硅酸盐岩。与其他类型的变质岩的区别在于，钙硅酸盐岩以 < 50% 的碳酸盐矿物含量而与大理岩相区别；钙质片岩和千枚岩以 20% ～ 50% 的碳酸盐矿物含量而与由泥质岩变质形成的钙质绢云母千枚岩和钙质云母片岩相区别；以石英含量 < 50% 而与长英质变质岩（石英岩和石英片岩）相区分；以富含钙铝和钙镁硅酸盐矿物（如绿帘石和透辉石）而与其他变质岩区分。

混合岩

混合岩是由混合岩化作用形成的岩石。是变质岩和岩浆岩之间的过渡岩类。混合岩一词，由芬兰地质学家 J.J. 塞德霍姆于 1907 年提出。

◆ **特征**

混合岩的矿物大多有不同程度的定向排列。混合岩中含有不同比例的基本未变或变化较小的原岩组分或"古成体"和新生组分或"新成体"。原岩组分活动性一般较差，而新生组分多属活动组分。在原岩组分中除不同成分的长石或一定的石英外，常含较多的黑云母、角闪石、辉石等铁镁矿物。新生组分一般主要由长英质或花岗质，有时由含钾、钠等的流体交代原岩组分而生成。其中有的源于附近的花岗质侵入体，有的可能来自更远或更深的地方。有时这种新生组分主要是原岩经变质分异或经部分熔（溶）融形成的硅酸盐流体相的产物。

◆ **形成原因**

混合岩在形成的初级阶段，岩石中的新生组分往往形成长英质或花岗质的各种脉状体或不规则条带。以长石为主的交代斑晶分布于原岩组分中，两者间的界限往往较清楚。新生组分称为脉体，原岩组分称为基体。随着混合岩化程度加深，混合岩的组成和结构向着均匀化方向发展，外表渐呈厚层状和块状。原岩组分已受到较深的改造，在组成物质或外貌上都不易同新生组分区别。其中属于交代成因的，原岩几乎全部经历交代作用；属于就地熔融的，则在最后凝固以前，大部分可能曾达到流体状态。

塞德霍姆认为，混合岩是由较老的岩石（原岩）和外来的花岗质岩浆或岩汁混合形成，并以脉状体分布于岩石中。瑞典的 P.J.霍尔姆奎斯特则认为，混合岩中的脉状体没有外来物质的加入，它是原岩通过变质分异作用而产生。后来还有人认为混合岩是原岩经熔（溶）融作用而生成。对混合岩成因的解释，尚未取得一致意见。

◆ **基本特征**

混合岩的矿物粒度都比原岩的大。主要由交代作用形成的混合岩中，长石（钾长石、奥长石或钠长石）含量比原岩中明显增多，长石和石英具缝合线结构、蠕英石结构、交代条纹和反条纹结构、交代棋盘结构、净边结构、交代斑晶等。由熔融作用形成的混合岩，则显示一定的矿物结晶顺序，如钾长石和石英的他形充填现象等；此外，斜长石具有重熔交代净边结构，且交代净边中钙长石含量较其内部钙长石含量稍高。

◆ **主要类型**

20世纪初以来，北欧地质文献中出现了以外貌形态命名的混合岩类型。①脉状混合岩。含有一定数量近于平行的浅色长英质或花岗质脉状体的混合岩，多具厚度不等的层状特征。其中的脉状体，有的认为属外来注入性质，有的认为是由原岩（变质岩）分泌（分异）作用形成。②角砾状混合岩。深色的角闪质岩石被不规则浅色长英质或花岗质脉状体穿切而成大小不等的角砾状岩石。③网状混合岩。含有模糊的浅色网状或树枝状长英质细脉的混合岩。④雾迷岩。又称云染岩。是呈星云状外貌的混合岩，含有微细的网状、云雾状或乱丝状长英质脉，并有模糊的、颜色较深（含黑云母或角闪石等）的残留小条纹或小斑点。

中国学者在上述混合岩类型划分的基础上，又增加了以形态命名的混合岩类型。①眼球状混合岩。含有一定数量平行或近平行排列、由交代形成的眼球状长石（大多为钾长石）的混合岩。原岩一般为角闪质岩石、黑云变粒岩或黑云斜长（二长）片麻岩。②条带状混合岩。颜色和矿物组成差别明显、呈条带状互层的混合岩，其中深色（含铁镁矿物较多）和浅色（含长英矿物较多）条带交替出现者最为常见。③条痕状混合岩。不同颜色的矿物成分呈不规则条痕状分布的混合岩。④均质混合岩。矿物成分分布均匀、微呈面型方向性排列的混合岩，矿物成分近似花岗质岩石。

20 世纪 40 ～ 50 年代以来，一些反映混合岩化程度不同的混合岩名称被提出。对只受轻微混合岩化作用的变质岩冠以"混合质"或"混合岩化"等词；对混合岩化最终产物类似花岗岩的岩石称为混合花岗岩；对介于混合质变质岩和混合花岗岩之间的岩石统称为混合岩。中国对其中混合岩化较弱的称为"注入混合岩"，对混合岩化较深的称为"混合片麻岩"。

麻粒岩

麻粒岩是在高温条件下形成的区域变质岩。

◆ 组成

组成矿物主要有紫苏辉石、透辉石和斜长石，普通角闪石和黑云母亦较常见，有时还有条纹长石、石英、石榴子石、堇青石和蓝晶石等，副矿物主要有金红石和钛铁矿等。麻粒岩的定义已趋统一，例如，麻粒岩是麻

麻粒岩标本

粒岩相变质的岩石，长石有一定的含量，无水铁镁矿物中紫苏辉石为主要特征矿物，结构主要是花岗变晶结构等。但在铁镁矿物和长石含量等方面尚有不同意见：一种意见认为麻粒岩中的铁镁矿物含量不大于30%，其余应为浅色矿物，暗色矿物含量超过 30% 者不归入麻粒岩类；另一种意见认为麻粒岩中暗色矿物含量可达 80% ～ 85%。还有的认为麻粒岩中紫苏辉石的含量应占暗色矿物的一半以上。

◆ **分类**

根据主要矿物组成和原岩成分特征，麻粒岩可分为：①基性麻粒岩。主要由紫苏辉石、透辉石及角闪石等暗色矿物组成，含量可达30%～85%。浅色矿物以中基性斜长石为主，石英少或无，可有少量石榴子石，铁矿物（磁铁矿/钛铁矿）、黑云母等。粒状变晶结构，块状构造或片麻粒构造。原岩主要为基性岩及镁铁含量较高的泥质灰岩等。常见类型有紫苏辉石暗色麻粒岩、二辉暗色麻粒岩等。②变泥质麻粒岩。又称富铝麻粒岩。主要变质矿物为钾长石（条纹长石）、斜长石和石英等，特征变质矿物有堇青石、夕线石、石榴子石和紫苏辉石等。粒状变晶结构常见块状构造、弱片麻状构造及条痕状构造。压力较高时，蓝晶石取代夕线石，为泥质高压麻粒岩；压力较低时，矿物组合中出现堇青石。

◆ **成因**

麻粒岩形成时，水压远小于固体总压，温度大致为 $700～900℃$，压力为 $0.7×10^9～1.2×10^9$ 帕，相当于 $25～40$ 千米的深度。麻粒岩的成因：位于地壳上部的原岩因某种构造作用而埋藏到地壳深部，受高温变质作用，形成了麻粒岩相的矿物组合。20世纪70年代以来，有地质学家提出了一种以深成作用为基础的板底垫托机制的新看法，他们否认麻粒岩原岩的上地壳性质，认为麻粒岩的原岩是上地幔派生的岩浆岩，岩浆从下面直接垫托于地壳底部，从高温开始冷却，并在麻粒岩相条件下结晶。另有学者提出了一种板底垫托机制，强调麻粒岩形成于科迪勒拉型大陆边缘，原岩为俯冲洋壳部分熔融的产物。麻粒岩主要产于早前寒武纪，在太古宙分布最广，其他时代少见。

◆ **矿产资源**

麻粒岩分布区有丰富的矿产，如金、银、铬、镍、铂、铜、铅、硼、石墨、压电石英、宝石、云母、金红石、夕线石、磷矿等，可作为普查找矿的标志。

片麻岩

片麻岩是主要由长石、石英组成，具中粗粒变晶结构，片麻状或条带状构造的变质岩。关于片麻岩的含义及其与片岩的区分标志，各国岩石学家的看法不尽一致。英国和美国主要根据岩石的构造（片状或片麻状）来区分片岩和片麻岩，北欧一些国家主要根据长石含量来区分，长石含量高的为片麻岩，含量低的为片岩。在中国，片麻岩指矿物组成中长石和石英含量大于 50%，其中长石大于 25% 的变质岩。

片麻岩的原岩类型和形成条件比较复杂。根据原岩成分，主要有下列类型：①富铝片麻岩。为富铝的黏土质岩石经中高级变质作用形成，主要由石英、酸性斜长石、钾长石和黑云母组成，常含夕线石、蓝晶石、石榴子石、堇青石等富铝变质矿物。当二氧化硅含量不足时，

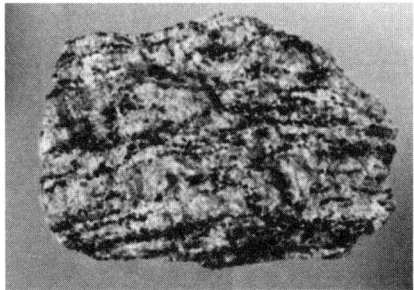
片麻岩标本

可出现刚玉；富碳时可出现石墨。②斜长片麻岩。为中、基性火山岩及火山质硬砂岩经变质作用形成，主要由斜长石、石英及绿泥石、云母、

角闪石等组成，可含少量辉石、石榴子石等矿物。常见类型有黑云斜长片麻岩、角闪斜长片麻岩等。③碱性长石片麻岩。为酸性火山岩及长石砂岩经变质作用形成，主要由钾长石、酸性斜长石、石英及少量黑云母角闪石等组成。④钙质片麻岩。为钙质页岩及部分中、基性火山岩、凝灰岩经变质作用形成，主要由斜长石、石英、云母、角闪石、透辉石、阳起石等矿物组成，可含方解石、白云石、方柱石、钙铝榴石等矿物。按特征变质矿物、片柱状矿物和长石种类，可将片麻岩进一步命名，如石榴黑云斜长片麻岩、夕线石榴钾长片麻岩等。

片麻岩在前寒武纪结晶基底和显生宙的造山带中均有大量分布。世界各大陆，如北欧的波罗的地盾、北美洲的加拿大地盾、非洲大陆、印度半岛、澳大利亚和中国的华北陆台等地均有分布。片麻岩中常赋存大量非金属矿产，如石墨、石榴子石、夕线石等。片麻岩可做建筑石材和铺路原料。

片 岩

片岩是完全重结晶、具有片状构造的变质岩。片岩的片理主要由片状或柱状矿物（云母、绿泥石、滑石、角闪石等）呈定向排列构成。片柱状矿物含量较高，常大于 30%。粒状矿物以石英为主，可含一定量的长石，一般少于 25%。由于原岩类型和变质作用程度不同，可形成不同的片岩，主要有以下类型：

◆ 云母片岩

主要由云母、石英和中酸性斜长石组成，可出现富铝的变质矿物，如十字石、蓝晶石、铁铝榴石、堇青石及红柱石等。原岩可以是黏土岩、粉砂岩或中酸性火山岩，主要是中级区域变质作用的产物。

◆ **白片岩**

主要由蓝晶石和滑石组成，原岩是基性火山凝灰岩或富镁泥质岩，是高压区域变质作用的产物。

◆ **钙硅酸盐片岩**

岩石中除云母、石英外，以含较多的钙、镁（铁）硅酸盐矿物和少量方解石为特征。原岩主要为泥灰质沉积岩及部分英安质和安山质火山碎屑岩。常为中低级区域变质作用的产物。

◆ **绿片岩**

主要由绿泥石、绿帘石、阳起石、斜长石和石英组成，一般由基性火山岩经低级区域变质作用形成。

◆ **角闪片岩**

主要由角闪石和部分石英组成，有时含少量帘石、斜长石、黑云母及碳酸盐类矿物。原岩为中基性火山岩或泥灰质沉积岩。主要为中低级区域变质作用的产物。

◆ **蓝闪石片岩**

具有低温高压的矿物组合，如蓝闪石、硬柱石、文石、硬玉等，可含黑硬绿泥石、绿泥石、钠长石、石英及阳起石等矿物。原岩主要为基性火山岩及硬砂岩。

◆ **镁质片岩**

主要由叶蛇纹石、绿泥石、滑石等片状矿物组成，可含阳起石、菱镁矿、石英等矿物。变质程度较高时，可出现透闪石、阳起石、镁铁闪石和直闪石。原岩为超基性岩及部分极富镁的碳酸盐岩。常为低级区域变质作用的产物。

白片岩

白片岩是以蓝晶石和滑石共生为特征的高压变质岩，多呈灰白色或浅褐色，具片状构造。有时肉眼可见蓝晶石呈柱状，以 c 轴平行于岩石的线理排列。可含有石英或铁镁铝榴石。蓝晶石和滑石组合是 $MgO-Al_2O_3-SiO_2-H_2O$ 体系中的低温组合，在高温条件下稳定的组合是蓝晶石和铝直闪石、蓝晶石和顽火辉石或夕线石和顽火辉石。一般认为，蓝晶石和滑石组合是绿泥石和石英组合脱水反应所生成。在水饱和的条件下，蓝晶石和滑石的稳定区是：水压大于 10×10^8 帕，温度为 $650 \sim 850℃$。从白片岩的岩石化学成分判断，其原岩应是基性火山凝灰岩或富镁泥质岩，但有些变质辉长岩也可出现蓝晶石和滑石的组合。形成白片岩的变质作用多发生在地壳深部，岩压是变质的主导因素，但流体超压亦不容忽视。由于后期的构造抬升，蓝晶石和滑石组合常被低压矿物组合所代替。蓝晶石和滑石组合与德文文献中的"白色片岩"（weiβ-shiefer）不同。白色片岩是不含长石，但含少量金云母和镁绿泥石的白云母石英片岩，是花岗岩和片麻岩经低温剪切变形和交代作用的产物，不是高压变质岩。

滑石片岩

滑石片岩标本

滑石片岩是主要由滑石组成且发育片状构造的变质岩石，属于镁质片岩。除滑石外，滑石片岩中还有少量的绿泥石、蛇纹石和碳酸盐矿物等。岩石颜色浅，白色至浅绿色。具鳞片变晶结构，硬度低，具有滑感。通常是超基性岩或富镁的碳酸盐岩经区域低级变质或热液交代作用所致。

云母片岩

云母片岩是由云母构成片理的中、低级区域变质岩。主要变质矿物为黑云母、白云母、石英及长石，多数情况下石英含量大于长石，长石含量小于25%，片柱状矿物大于30%，粒状矿物小于70%。当氧化

白云母片岩标本

钾不足时，可出现红柱石、蓝晶石、堇青石等特征变质矿物。鳞片粒状变晶结构或斑状变晶结构。原岩为泥质沉积岩或火山沉积岩，变质程度主要为绿帘角闪岩相和低角闪岩相。当含有两种以上特征矿物时，以"少前多后"的原则命名，如十字石石榴子石二云母片岩。若石英含量超过

50%，可以定名为石英片岩。

绿片岩

　　绿片岩是主要由绿泥石、绿帘石、阳起石、钠长石和石英等矿物组成的，具片状构造的低级区域变质岩。因其主要矿物肉眼均呈绿色，又称绿色片岩。

　　绿片岩的原岩为基性火山岩、凝灰岩、硬砂岩及铁质白云质泥灰岩等。基性岩典型矿物共生组合有：绿泥石－绿帘石－钠长石－（方解石），阳起石－绿帘石－钠长石，绿泥石－绿帘石－阳起石－钠长石。基性凝灰岩变质的绿片岩中多含黑云母和石英，硬砂岩变来的绿片岩含较多的石英，泥灰岩变成的绿片岩含较多的绿帘石和方解石。绿片岩中的副矿物有磁铁矿、水滴状的榍石和他形粒状的磷灰石。

绿片岩野外照片

绿片岩进一步命名时，常以最多的暗色矿物作为基本名称，如绿帘绿泥片岩、绿泥阳起片岩等。块状构造的绿片岩常称绿岩。

火成岩

　　火成岩是由熔融岩浆直接冷却凝固形成的各种结晶质或玻璃质岩石，又称岩浆岩。形成于地壳深处或上地幔产生的高温熔融岩浆，受地质构造作用的影响，在地下一定深处或喷出地表后冷却凝固。是三大岩石类型之一（另二类是沉积岩和变质岩）。

◆ **化学成分**

　　几乎包括了地壳中所有化学元素。按化学元素的含量、地球化学行为和在火成岩中的意义，可分为主要造岩元素、微量元素、稀土元素和同位素等种类。火成岩中的主要元素有12种，即氧、硅、铝、钛、铁、锰、镁、钙、钠、钾、氢和磷。这些元素占火成岩总质量的99%以上，属主要造岩元素。其中前10种元素含量最多，占火成岩总质量的99.25%；并以氧的含量最高，约占总质量的47%。火成岩的成分一般以元素的氧化物形式出现。二氧化硅（SiO_2）、氧化铝（Al_2O_3）、氧化钛（TiO_2）、氧化亚铁（FeO）、氧化铁（Fe_2O_3）、氧化镁（MgO）、氧化钙（CaO）、氧化钠（Na_2O）、氧化钾（K_2O）、氧化锰（MnO）、五氧化二磷（P_2O_5）的总含量，占火成岩平均化学成分的99.5%（质量分数），并在各类火成岩中均有出现。各种主要氧化物含量有一定变化范围：SiO_2 多为 34%～75%，少数可达 80%；Al_2O_3 为 0～20%；MgO 为 2%～35%，有些可达 35% 以上；CaO 为 0～15%，少数可达 23%；$FeO+Fe_2O_3$ 为 0～15%，FeO 一般高于 Fe_2O_3；Na_2O 为 0～10%，少数可接近 20%；K_2O 为 0～10%，某些火成岩中可达 18%，且往往是 Na_2O 含量多于 K_2O；TiO_2 一般小于 5%；MnO 小于 2%，多数为 0～0.3%；P_2O_5 小于 3%，一般为 0～0.5%。SiO_2 是火成岩中一种很重要的氧化物，其含量多少反映火成岩的酸度、基性程度和 SiO_2 的饱和度。SiO_2 含量还是火成岩分类的重要依据。

◆ 矿物成分

火成岩分类的重要依据。组成火成岩的矿物称为造岩矿物。自然界中的造岩矿物有上千种，但常见的主要造岩矿物仅有 20 多种，如石英、长石（正长石、微斜长石、钠长石、更长石、中长石、拉长石）、黑云母、角闪石、辉石、橄榄石、霞石、白榴石、磁铁矿、钛铁矿、磷灰石、锆石、榍石等，以长石类居多。根据这些矿物的成分，又可分为浅色矿物（又称硅铝矿物）和暗色矿物（又称铁镁矿物）。浅色矿物包括石英、长石类、似长石类，其成分以硅铝为主，不含或含很少的铁镁成分，故矿物颜色都很浅。暗色矿物包括橄榄石类、辉石类、角闪石类、黑云母类，其成分含铁镁较高，故其颜色一般较深。暗色矿物在火成岩中体积含量的百分数称为火成岩的色率，又称颜色指数。一般火成岩的标准色率是：超基性岩为 90，基性岩为 50，中性岩为 30，酸性岩为 10。在此数值基础上可有 10 左右的变化范围。

按造岩矿物在火成岩中的含量及其对火成岩分类命名所起的作用，又将其分为主要矿物、次要矿物、副矿物三类。主要矿物在火成岩中含量最多，是确定岩石大类名称的主要依据，含量常大于15%。如花岗岩类中石英和长石是主要矿物。次要矿物是岩石中含量少于主要矿物的矿物，一般含量5%～15%，对决定岩石的大类名称没有影响，是火成岩进一步划分种属的主要依据。黑云母或角闪石常是花岗岩中的次要矿物。副矿物在岩石中含量小于1%～2%，在岩石的分类命名中一般不起作用，但其含量在研究某些问题方面有一定意义时也可影响岩石的命名，如锆石型花岗岩、电气石花岗岩等。常见的副矿物有磁铁矿、钛铁矿、磷灰石、锆石、榍石等。

火成岩的矿物按其成因，又可分为原生矿物、他生矿物、次生矿物。原生矿物是岩浆在冷却过程中直接结晶的矿物。他生矿物是岩浆同化了围岩或捕虏体而形成的矿物，如花岗质岩浆同化了泥质围岩，可形成一些富铝的他生矿物，如堇青石、红柱石、夕线石等。次生矿物是火成岩受地表风化作用而形成的新矿物，又称表生矿物。

◆ **火成岩结构**

火成岩组成矿物的结晶程度、颗粒大小、自形程度和矿物之间的相互关系。根据岩石中结晶质与非结晶质（玻璃）的比例，可把结构分为3种类型：①全晶质结构。岩石由全部结晶的矿物组成。表明岩浆是在温度缓慢下降的条件下结晶的，多见于深成火成岩中。②半晶质结构。岩石由部分结晶矿物和部分未结晶的玻璃质组成，表明岩浆降温较快，多见于浅成岩和部分喷出岩中。③玻璃质结构。岩石全部或几乎全部由非结晶的玻璃质组成，这种结构是岩浆快速降温的条件下固结而形成，主要见于喷出岩、超浅成侵入岩或侵入岩体的边部。

根据组成火成岩主要矿物的粒径大小和肉眼可辨认程度，火成岩结构分为两类：①显晶质结构。矿物颗粒肉眼可辨别。按主要矿物粒径的绝对大小，显晶质结构又可分为巨粒（伟晶）结构（粒径大于 10 毫米）、粗粒结构（粒径大于 5 毫米）、中粒结构（粒径 5～2 毫米）、细粒结构（粒径 2～0.2 毫米）、微粒结构（粒径小于 0.2 毫米）。②隐晶质结构。矿物颗粒很细，肉眼无法分辨。岩石外貌致密，常有弧面断口，是浅成岩常见的结构。

按照矿物颗粒的相对大小，火成岩结构可分为等粒结构、不等粒结构、斑状结构和似斑状结构。等粒结构指火成岩中同种主要矿物的粒径大小基本相等。不等粒结构是指岩石中同种主要矿物粒径大小不相等。斑状结构是指岩石中矿物粒径分属大小不同的两群，中间基本没有过渡的粒径。粒径大的矿物称为斑晶，小的矿物（隐晶质）或不结晶的玻璃质称为基质。似斑状结构是指斑状结构中的基质是显晶质，矿物粒径较粗，肉眼容易看清楚矿物颗粒，有的可达到中 - 粗粒程度。似斑状结构多在浅成岩和部分深成岩中见到。

依据矿物的自形程度，火成岩结构可分为：①全自形粒状结构。指组成岩石的矿物各个晶面发育完善。这种结构在火成岩中少见。②半自形粒状结构。指组成岩石的矿物部分晶面发育完善，部分发育不完善。这种结构在火成岩中最常见。③全他形粒状结构。指组成岩石的矿物基本无完整的晶面发育，形成不规则外形的矿物颗粒，这种结构在火成岩中也不多见。

根据组成岩石矿物之间的相互关系，火成岩又可分为不同结构，常见的有文象结构、条纹结构、蠕虫结构、反应边结构、包含结构。文象结构是具有一定规则形态特征的石英有规律地交生在钾长石中。这些石英成嵌晶状，在正交偏光下同时消光。肉眼能看清楚的称文象结构，只能在显微镜下才能看清楚的称为显微文象结构。条纹结构由钠长石成条纹状与钾长石交生所形成。形似蠕虫状的石英颗粒生长在酸性斜长石中，则形成蠕虫结构。反应边结构是先结晶的矿物与熔浆发生反应，在先结晶的矿物周边形成一圈成分不同的新矿物，如橄榄石周边常有斜方辉石、角闪石反应边矿物的形成。较大的矿物晶体中包含了一些其他矿物小的晶体称为包含结构，又称嵌晶结构。有些浅成侵入岩、脉岩还有辉绿结构、煌斑结构、细晶结构。上述各种结构多在火成侵入岩中常见。

◆ 火成岩构造

组成火成岩的不同矿物集合体之间、矿物集合体与岩石其他组成部分之间，其排列方式或充填空间方式所表现的岩石特点。常见的构造有以下几种：①块状构造。是一种均匀构造。组成岩石的矿物在岩石中均匀无序分布，是火成岩中最常见的构造。②条带状构造。一种不均匀构造，岩石中不同成分、颜色、结构形成有规律的条带状分布，常见于层状辉长岩中。③斑杂构造。一种不均匀构造，岩石的不同部位，在颜色、矿物成分或结构构造上有明显差别，整个岩石外貌具有复杂的斑块状。④球状构造。矿物围绕某个中心结晶成球体或椭球体状，其中有些矿物可呈放射状排列。⑤晶洞构造。指侵入岩中发育一些原生的近圆状或椭圆状的孔洞。若在洞壁上生长一些自形程度好的矿物，可称晶簇构造或晶腺构造。⑥流面、流线构造。岩石中片状、板状矿物和扁平状析离体、捕虏体平行定向排列形成流面构造；而一些针状、长柱状、纤维状矿物定向平行排列形成流线构造。⑦气孔构造。岩浆中含有较多的气体，岩浆冷却后气体逸去留下空洞形成气孔构造，常见于喷出岩中。⑧杏仁构造。岩石中气孔被后来的物质，如硅质、方解石、绿泥石等充填形成似杏仁状物体的构造。⑨枕状构造。岩浆从海底喷发或是陆上喷发的岩浆流入水体中形成的一种熔岩枕状体，外形多为椭球状、面包状。枕体外表有冷凝边，内部有同心圆状或放射状的气孔分布，中心有时形成空腔。多见于基性海相火山岩中。⑩流纹构造。不同岩浆成分、颜色、结构构造形成较细、较规则、延续性好的一些条纹在岩石上定向平行排列的现象，常见于流纹岩中。⑪珍珠构造。酸性火山玻璃在快速冷却或水化过程中产生张应力而出现弧形或同心圆状的裂纹，形成许多小豆状的玻璃质球状裂开。⑫柱状节理构造。在较厚层的熔岩中形成一些垂直于层面生长的规则柱体，柱体横截面形状多为三角形、五角形、六边形，也有四边形、七边形。其成因一般认为是岩浆均匀缓慢冷却收缩形成的。

◆ 火成岩产状

反映火成岩在自然条件下产出的状态。其内容包括火成岩产出的形态、岩体大小、与围岩的接触关系。火成岩产状包括侵入体产状和火山岩（又称喷出岩）产状。侵入体产状常见的有岩床、岩盆、岩盖、岩脉、岩株、岩基等。火山岩产状与喷发类型有密切关系，常见的火山岩产状有火山锥、熔岩流、熔岩被、岩钟、岩针等。

◆ **火成岩岩相**

不同条件和环境下形成的火成岩体岩石总的特征。主要包括形成时的温度压力、矿物组合、结构构造等特征。可分为侵入岩相和火山岩相。侵入岩相常划分为深成相和浅成相。深成相多形成在 3 千米以下，浅成相主要形成在 0 ～ 3 千米的深度。火山岩相主要有溢流相、爆发相、侵出相、火山颈相、潜火山相、火山沉积相。

◆ **火成岩分类**

自然界火成岩种类很多，已认识的有 1000 多种。为了研究和应用，需对火成岩进行合理和科学的系统分类。常用的分类主要考虑火成岩的化学成分、矿物成分、结构构造和产状特征。已有的分类方法有多种，最常用的是三种分类方法：①根据 SiO_2 的含量，把火成岩分为四大类，即超基性岩类（SiO_2 含量小于 45%）、基性岩类（SiO_2 含量 45% ～ 53%）、中性岩类（SiO_2 含量 53% ～ 66%）和酸性岩类（SiO_2 含量大于 66%）。每一大类又根据 K_2O 与 Na_2O 的总含量划分为钙碱性岩类（钙碱性岩系列）、碱性岩类（碱性岩系列）和过碱性岩类（过碱性岩系列，酸性岩无此系列）。②根据火成岩的主要矿物成分及含量，普遍使用的矿物分类法是 1972 年国际地质科学联合会火成岩分类会上推荐的矿物定量分类命名法。该分类主要考虑了斜长石、碱性长石、石英、似长石和铁镁矿物及其含量。③根据产状和结构构造，火成岩可分为侵入岩类和喷出岩类。根据其形成深度，侵入岩类又分为深成侵入岩（形成于 3 千米以下）和浅成侵入岩（形成于 0 ～ 3 千米）。喷出岩类包括火山熔岩类和火山碎屑岩类。

◆ 火成岩与矿产

许多金属和非金属矿产，稀有、稀土、放射性元素等矿产大多蕴藏在火成岩中，或与火成岩在成因和时空上有密切关系。超基性岩类多与铬、铂矿床有关；基性岩类多与钒钛磁铁矿、铜镍矿床有关；中酸性岩类多与夕卡岩型的铜、铁矿关系密切。与花岗岩有关的多金属矿有钨、铍、铌、钽、锂、铀、铜、金、钼、铅、锌等。碱性岩类中常有丰富的稀有和稀土元素矿床。花岗岩等各种火成岩常常是优质装饰石材和建材；酸性火山岩可做良好的保温、隔音原材料；玄武岩的气孔中常形成有价值的冰洲石和玛瑙；玄武岩和辉绿岩还是铸石和生产岩棉的主要原料，也是生产水泥的配料。

火山岩

火山岩是地壳深部炽热的岩浆经火山作用喷发到地表或地表下浅处，迅速冷却固结形成的岩石，又称喷出岩。

◆ 矿物组成

与相应的深成岩化学成分基本相同，化学成分反映了形成火山岩的岩浆特征。由于火山岩大多数结晶较细，有的还是玻璃质，所以详细研究火山岩的化学成分，对其分类命名、系列划分和了解岩浆演化规律、火山岩成因等都有重要意义。

与相应深成岩的矿物组成基本一致，但常常有高温矿物变种出现。常见的有透长石、高温斜长石、高温石英（β- 石英）、贫钙单斜辉石、富钙斜方辉石、褐色角闪石、高温黑云母、白榴石、黝方石及火山玻璃。这些矿物稳定性一般较差，随着温度、压力和时间的变化，高温矿物便向低温矿物转变，玻璃质重结晶。另外，火山岩中含挥发分的矿物比侵入岩中要少。同一种矿物的密度和光性特征也有差别，如长石的有序度在火山岩中较低，而侵入岩中较高，长石双晶发育程度和长石的对称性也有所不同。

◆ **结构**

包括火山熔岩结构和火山碎屑岩结构。常见的火山熔岩结构有无斑隐晶质结构、斑状结构、玻璃质结构、玻基斑状结构、间粒结构（粗玄结构）、间隐结构、间片结构、填隙结构（拉斑玄武结构）、交织结构、玻晶交织结构（安山结构）、玻基交织结构、粗面结构、球粒结构、霏细结构、显微文象结构等。少数喷出岩有特殊结构，如科马提岩的鬣刺结构、金伯利岩中的环边假象结构。火山碎屑岩结构包括集块结构、火山角砾结构和凝灰结构。

◆ **构造**

包括火山熔岩构造和火山碎屑岩构造。常见的火山熔岩构造为块状构造，其次有气孔构造、杏仁构造、条带状构造、斑杂构造、球状构造、晶洞构造、晶腺构造、枕状构造、流纹构造、珍珠构造、角砾状构造等。常见的火山碎屑岩构造为块状构造，也可有层理构造、假流动构造、柱状节理构造。

◆ **分类**

主要根据其组成矿物、化学成分、结构构造、喷发方式，及相应的产状、成因和与其他岩石的共生关系进行分类。根据喷发方式和喷发物的特点，火山岩可分为火山熔岩、火山碎屑岩和潜火山岩，自然界分布最多的是火山熔岩和火山碎屑岩。根据喷发环境，又可分为陆相火山岩和海相火山岩。根据化学成分，火山岩可分为超基性、基性、中性、酸性和碱性的火山岩。

◆ 分布

中国陆相喷发和海相喷发的火山岩分布广泛，潜火山岩产出较少。海相火山岩年代较老，主要形成于中生代白垩纪以前。多在中、西部地区产出，如甘肃、青海祁连 - 昆仑山褶皱带，河南、陕西秦岭地区，内蒙古 - 新疆阴山 - 天山褶皱带，山西太行山、吕梁山地区。这些较老的火山岩有的已遭受了较强的变质。陆相火山岩年代较新，多形成于中生代以后。主要分布在中国东部及沿海省份，如内蒙古东部，东北、华北、华南及海南岛等地。形成走向大致为北北东向的 3 个主要火山岩带，即大小兴安岭 - 燕山地区火山岩带、辽吉 - 山东火山岩带、苏皖浙闽粤火山岩带。岩石以中酸性、酸性火山熔岩和火山碎屑岩为主。新生代陆相火山岩以玄武岩溢流火山岩为主，在东北、华北、华东、秦岭、海南岛、新疆、西藏均有产出。

◆ 矿产

与火山作用有关的矿产较多，如金、银、铜、铁、铅、锌、铀、铌、钼、钨、锡、锂、铍、稀土等金属矿，金刚石、蓝宝石、叶蜡石、明矾石、沸石、黏土矿等非金属矿。火山成矿作用形成的矿床主要有火山喷发岩浆矿床、火山喷发沉积矿床、火山喷气升华及喷气交代矿床、火山喷气晚期气成热液矿床。

潜火山岩

潜火山岩是与火山喷发作用有密切关系，在地下浅处（500～1500米）形成的一些超浅成侵入岩体，是潜在地下的火山岩，又称次火山岩。潜火山岩底部往往与火山熔岩相连通，常呈岩床、岩盆、岩脉等形式产出。与火山熔岩有"四同"：与火山活动同时形成；与火山熔岩受控于同一地质构造环境，并与相应的火山熔岩相伴分布；与相应的火山熔岩为同一岩浆源区所形成的岩浆，在化学成分、矿物成分上均与相应的火山熔岩基本相同；潜火山岩与火山熔岩同成因，均为火山作用的产物，有时还可以看到潜火山岩与火山熔岩成过渡关系，没有截然的界线。潜火山岩的结构主要为斑状结构、细粒－微粒结构。由于潜火山岩在成因上与火山作用有关，成分和外貌上与火山熔岩较为相似，而产状与一般浅成岩相同，所以潜火山岩的命名需考虑火山熔岩和浅成侵入岩的特点，一般是在火山熔岩或浅成侵入岩的名字前加上"潜"字，如潜玄武岩、潜安山岩、潜流纹岩、潜粗面岩、潜辉绿玢岩、潜辉绿岩、潜闪长玢岩、潜花岗斑岩、潜正长斑岩等。与潜火山岩有关的矿产种类较多，最有代表性的是与中酸性潜火山岩有关的玢岩铁矿。中国江苏、安徽等地火山岩发育地区有这种玢岩铁矿。

枕状熔岩

枕状熔岩是具有枕状构造的火山熔岩。大多数枕状熔岩是由基性－

中基性岩浆在水下（主要在海底）喷出形成的。岩石类型主要为细碧岩、玄武岩和玄武安山岩。一般认为枕状熔岩是基性岩浆从海底喷出后经淬碎、割裂成大小不等的熔浆团块，并保持着半塑性状态堆积而成。外形多似枕状、椭球状、袋状、面包状，大小不一，多为几十厘米，也有1米以上者。枕体常为上凸下凹或平坦状，多数是独立分开的枕体，同时

在东太平洋海隆顶的新生海底枕状熔岩

又被火山碎屑物和沉积物所胶结。枕体常具玻璃质的冷凝外壳，其内部还常有大小不等、形状多样的气孔构造，并显示出由枕体中心向外逃逸的态势，所以枕体周边气孔相对集中，呈同心圆状分布。枕体内还常有不规则的放射状裂隙。内部结晶常不均匀，一般枕体中心结晶相对较粗，边部结晶较细，多为隐晶质和玻璃质。枕体中心有时可见空腔。枕状熔岩中还常有含放射虫的硅质岩。中国青海祁连山和四川峨眉山地区的细碧岩与玄武岩中有较好的枕状熔岩发育。

浮　岩

　　浮岩是多孔状的喷出岩，又称浮石。气孔十分发育，似蜂窝状，密度一般很小，多小于1克／厘米^3，孔隙率可达50%～90%，因能浮在水中而得名。民间也称蜂窝石、水浮石和江沫石。岩石具多种颜色，有灰色、灰白、黄白、浅红以及一些较深的颜色。常见浮岩的化学成分多

为中酸性、酸性和碱性，也有基性的，化学成分变化较大，二氧化硅多变化于53%～75%。浮岩有独特的物理性质，如密度小、质量轻、孔隙率大、活性较好、导热性差、隔音性能好等优点，

基性浮岩标本

广泛应用于建筑、化学工业中。不经焙烧即可直接用作建筑材料，是混凝土优良的轻质骨料，可使墙体做薄又有较好的保温性，是高层建筑隔墙的理想材料。有较好的活性，块度中等的浮岩在化工中可用于制造过滤剂、干燥剂、催化剂和填充剂。成分几乎百分之百为玻璃质，碎屑断口锋利、坚硬，又不含石英、长石类晶体，可做优质磨料。还可磨成细粉，作为农用杀虫剂的载体和肥料的控制剂。中国浮岩主要分布于中、新生代火山岩地区，较好的浮石矿床产在吉林安图县与和龙市。

凝灰岩

凝灰岩是由火山喷发形成的火山碎屑物经压紧、胶结而成的火山碎屑岩。主要由火山碎屑物和胶结物组成。火山碎屑物最常见的有晶屑、玻屑、岩屑，胶结物主要为火山灰和火山灰经分解后的某些化学物质。火山碎屑物的含量大于50%，粒径小于2毫米，常见的晶屑是石英、钾长石、酸性斜长石，其次是云母、角闪石、辉石，橄榄石少见。玻屑多为中酸性、酸性，基性的相对较少。岩屑多为中酸性、酸性、碱性喷出岩。玻屑和岩屑有些是塑性、半塑性的。岩石有多种颜色，常见灰白、黄白、

灰绿、黄绿、浅紫、灰紫、深灰等色。岩石具凝灰结构、熔结凝灰结构；块状构造、假流动构造，部分有层理构造、火山泥球构造。

凝灰岩标本

根据晶屑、玻屑、岩屑的含量，可分为晶屑凝灰岩、玻屑凝灰岩、岩屑凝灰岩、晶玻屑凝灰岩、岩玻屑凝灰岩、晶岩屑凝灰岩和复屑凝灰岩。按碎屑成分的不同，又可分为玄武质凝灰岩、安山质凝灰岩、流纹质凝灰岩、粗面质凝灰岩等。按构造特征还可分为普通凝灰岩和熔结凝灰岩。

成分变化较大，由于凝灰岩粒度较细，孔隙度高，以及碎屑不稳定，易发生次生变化。常见的次生变化有脱玻化、沸石化、泥化、绿泥石化、硅化、碳酸盐化、水化等。与凝灰岩有关的矿产主要有铜、铁、黄铁矿、铅、锌、钾、沸石、硼、黏土矿。一些多孔而坚硬的凝灰岩是较好的轻质建材。富玻屑的酸性凝灰岩是制作水泥的良好混合料。质地细腻致密的蚀变凝灰岩，可成为优良的玉雕原料，如浙江著名的青田石、鸡血石等。凝灰岩经蚀变形成以蒙脱石为主的黏土岩称为斑脱岩，具有良好的吸水性，吸水后体积可膨胀 10 ~ 30 倍，工业上应用甚广，是钻探用的优质泥浆原料。

火山碎屑岩

火山碎屑岩是由火山喷发作用直接形成的各种火山碎屑物经堆积、

胶结、压紧或熔结而形成的岩石。

火山碎屑岩的形成既有岩浆作用的特点,也有与沉积作用相似之处。典型的火山碎屑岩是指火山碎屑物含量大于 90% 的岩石,而广义的火山碎屑岩包括火山碎屑物含量小于 90%(一般为 10% ～ 50%)、与熔岩或沉积岩过渡的岩石,所以火山碎屑岩可包含岩浆岩和沉积岩的双重特征。火山碎屑岩常有各种较鲜艳的颜色,如浅红、浅绿、灰绿、黄绿、灰白、黄白、灰紫等,颜色的深浅主要取决于火山碎屑物的成分及后来的次生变化。

◆ 矿物成分

包括火山碎屑物和胶结物两部分。火山碎屑物是火山喷发直接形成的矿物碎屑(晶屑)、岩屑、玻屑。胶结物主要是火山灰和火山灰分解的物质,部分为熔岩或化学沉积物。晶屑是火山喷发时炸碎的矿物晶体碎屑,常见的晶屑有石英、钾长石、斜长石,其次有黑云母、角闪石、辉石等。晶屑外形不规则,多为棱角状,粒径多小于 2 毫米,部分有熔蚀和淬火裂纹。岩屑是火山喷发通道周围岩石或基底岩石以及先冷却固结的火山岩在火山喷发爆炸时被崩碎形成的各种大

火山碎屑岩

小的岩石碎屑,大小不一,粒径多大于 2 毫米,有明显的棱角,外形多不规则。这些岩屑多为刚性的,但也有些是半塑性和塑性的。它们是熔

浆团块喷发到空中还未完全凝固降落时，经气流作用发生旋转或撕裂而形成的。常见的塑性和半塑性岩屑有各种形状的火山弹（梨形、纺锤形、麻花形等）、火山饼、火焰石等。玻屑是火山喷发时形成的玻璃质岩石碎片，形态多样，棱角清楚，断面多呈弧形或贝壳状，粒径多小于2毫米。玻屑除刚性的外，也可有塑性、半塑性的，多形成于黏度较大的岩浆喷发过程中。

◆ **结构**

岩石主要是由火山碎屑物组成。按火山碎屑物粒径大小，火山碎屑岩可分为3种结构：①集块结构。由粒径大于64毫米（或大于50毫米）的火山碎屑物为主（含量大于50%）组成的岩石结构。②火山角砾结构。粒径为2毫米至64毫米（或50毫米）的火山碎屑物含量大于50%的岩石所具有的结构。③凝灰结构。粒径小于2毫米的火山碎屑（主要为火山灰）、含量大于50%的岩石所具有的结构，是火山碎屑岩中最常见的一种结构。当凝灰结构中含有较多的塑性、半塑性玻屑和岩屑成分，且被压扁和拉长，并和火山灰熔结在一起，则形成熔结凝灰结构。

◆ **构造**

常见块状构造，也可有层理构造、假流动构造、柱状节理构造。①块状构造。组成火山碎屑岩的火山碎屑物分布较均匀，无特殊排列现象，是最常见的火山碎屑岩构造。②层理构造。由粗细不等和成分不同的火山碎屑物形成韵律性的层状有规律地交替出现的一种构造。③假流动构造。由一些塑性、半塑性条纹状的火山碎屑物呈定向排列的一种构造。假流动构造的条纹连续性不好，有些条纹可绕过刚性碎屑呈"压入"

现象，又称似流动构造。④柱状节理构造。一些熔结较强的火山碎屑岩层中由于冷缩应力的影响形成一些垂直于层面的柱状裂开，柱体直径多由 20 ～ 30 厘米到上百厘米不等，横断面常有三角形、六边形、四边形和五边形。

◆ 分类

有多种方案，常根据火山碎屑物成分及其含量、成岩方式和结构构造等特征分为三大类，即火山集块岩、火山角砾岩、凝灰岩。每类中又进一步划分亚类。

◆ 产状与分布

中国火山碎屑岩分布广泛，中酸性火山岩地层中有 2/3 以上是火山碎屑岩。寒武纪到第四纪均有发育。较老的火山碎屑岩主要分布在西部和西北部地区，如甘肃、青海、祁连山地区下古生代地层中有较多的基性和中酸性火山碎屑岩发育，以凝灰岩为主。较新的火山碎屑岩主要分布在东部及西南部的中生代地层中，广泛出露有中酸性的火山碎屑岩。最新的第四纪火山碎屑岩主要分布在山西省和东北地区。火山碎屑岩的产状主要为层状和各种火山碎屑锥和混合锥。

◆ 矿产

与火山碎屑岩有关的金属矿产主要有铜、铅、锌、铁、铀等，非金属矿产主要有硼、沸石和黏土矿。

火山角砾岩

火山角砾岩是粒度介于 2 ～ 64 毫米，火山碎屑物数量占岩石总体积三分之一以上的火山碎屑岩。岩石分选性差，主要为棱角状火山角砾岩组成，含有粒径大于 2 毫米的浮岩碎屑或矿物晶屑。填隙物为细的岩屑、晶屑或玻屑。火山角砾岩常与火山集块岩伴生，堆积在火山斜坡或火山四周。是寻找火山口的标志。

火山集块岩

火山集块岩是粒度大于 64 毫米，火山碎屑物数量占岩石总体积三分之一以上的火山碎屑岩。岩石分选性差，集块由火山弹、火山渣等组成，填隙物由角砾级或凝灰级的火山碎屑组成。火山集块岩一般堆积在火山口附近，是识别火山口的标志。

埃达克岩

埃达克岩是具有异常成分的安山质、英安质和流纹质系列的火山岩或侵入岩组合成的特殊类岛弧岩石。因 1990 年发现于阿留申群岛中的埃达克（Adak）岛而得名。一般含有斜长石、角闪石和云母斑晶，有时含斜方辉石斑晶，不含单斜辉石。副矿物中钛铁矿、磷灰石和榍石较普遍。二氧化硅含量大于等于 56%，富氧化铝（含量大于等于 15%），富氧化钠（含量大于氧化钾）。与正常岛弧安山岩、英安岩、流纹岩的区别是：埃达克岩高锶（Sr）（含量大于 400×10^{-6}），相对富集铕（Eu），在岩石的球粒陨石标准化图解中 Eu 为正异常（Eu/Eu* 大于 1），强烈亏损重稀土和铱（Y）（含量小于等于 18×10^{-6}）、镱（Yb）（含量小于等于 19×10^{-6}），Sr/Y 大于 20×10^{-6}，La/Yb 大于 20。埃达克岩的岩浆源区或岩浆房处于高压条件，有石榴子石和角闪石与熔体共存。埃达克岩成因模式包括俯冲年轻（≤2500万～3000万年）大洋板片熔融、增厚地壳环境中的幔源底侵玄武质下地壳熔融和玄武岩浆分离结晶等。埃达克岩不仅可以出现于现代岛弧环境，也出现在安第斯山脉的钠质花岗岩、太古代克拉通环境的 TTG 岩套，还出现在晚太古代克拉通内富钾镁的赞岐岩碰撞造山带中后碰撞型高钾钙碱性花岗岩中。

伟晶岩

伟晶岩是由粗粒或巨粒矿物组成的脉状、透镜状或不规则团块状的侵入岩，具有伟晶结构，矿物颗粒大于 5 厘米，一般都达 10 厘米以上，且常常不均匀。中国新疆一伟晶岩中的一个绿柱石巨晶重达 50 吨左右。

矿物成分可以较单一，也可以比较复杂，常与相应的深成岩在时间和空间上有成因联系，但也常出现一些与相应侵入岩成分无关，含微量元素和稀有元素的矿物（如含锂、铍、铀、镧、铌、钽的矿物），

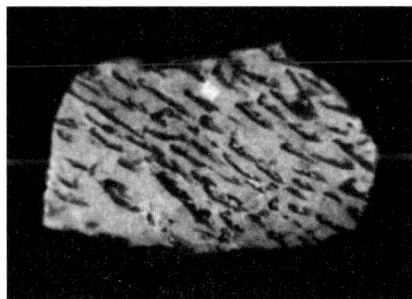

文象伟晶岩标本

以及富含挥发分的矿物（如白云母、黑云母、锂云母、黄玉、电气石、绿柱石、褐帘石、铌钽铁矿、萤石、锂辉石等）。根据主要矿物成分与相应各类侵入岩的成分，伟晶岩可分为辉石伟晶岩、辉长伟晶岩、闪长伟晶岩、花岗伟晶岩、正长伟晶岩等种属。其中最常见的、分布最广的是花岗伟晶岩。

规模差别较大，一般长数米至数十米，厚数厘米至数米。内部构造有的单一，有的有分带现象。较完整的由外向内分为边缘带、外侧带、中间带和内核带。边缘带一般结晶细，由细粒长石和石英组成，成分相当于细晶岩。外侧带结晶变粗，由斜长石、钾长石、石英、白云母等矿物组成，成分相当于花岗岩。中间带矿物粒度更粗，由块状钾长石和少量石英组成，矿物粒径多大于10厘米。内核带处于伟晶岩脉中央，主要矿物是石英，与石英共生矿物则较复杂。核心带常有晶洞、晶腺构造。

关于伟晶岩的成因，有3种较有代表性的观点：①认为是岩浆侵位后由富水硅酸盐岩浆经过3个不同阶段冷却结晶形成。②认为是从花岗质岩浆房中分离出来的，顶部富硅的岩浆注入到围岩中并在半封闭状态下经结晶分异形成。③交代成因说认为，没有专门的伟晶岩浆，是花岗质岩石经后来气体和热液作用交代结晶形成的。

与稀土、稀有元素矿床密切相关，白云母矿、水晶矿、长石矿、宝石级的电气石、绿柱石和黄玉也多产在伟晶岩中。在中国分布较广，有片麻岩出露的老地层和花岗岩发育区，几乎都可找到伟晶岩。新疆、华北、华南、东北及东南各地都有伟晶岩分布。

细晶岩

细晶岩是缺少暗色矿物并具细晶结构的浅色脉岩。细晶岩中的所有矿物结晶都比较细，均为细粒他形粒状结构，貌似砂粒状。细晶岩大部分由钾长石、斜长石和石英等浅色矿物组成，有时有少量黑云母、白云母、角闪石、辉石。

根据矿物成分不同，细晶岩有不同种类，如辉长细晶岩、闪长细晶岩、斜长细晶岩、花岗细晶岩、钠长细晶岩、霓霞细晶岩等。常见的是花岗细晶岩，通常所说的细晶岩是指花岗细晶岩。花岗细晶岩成分和花岗岩相同，呈灰白色、浅肉红色，具典型的细晶结构，几乎全部由钾长石、石英和酸性斜长石组成，有时有极少量的黑云母和白云母，副矿物有磷灰石、磁铁矿。有些花岗细晶岩还含有绿柱石、黄玉、电气石、褐帘石。细晶岩一般呈小岩脉，产于相应的深成侵入岩体的裂隙中，有时也形成于围岩的裂隙中。关于细晶岩的成因，多认为是侵入体冷却后，残余的岩浆沿岩体及其附近围岩中的裂隙充填形成的，也有人认为有些细晶岩是由变质交代或岩浆混染作用形成。在手标本鉴定时，细晶岩与霏细岩有时不易区分，但细晶岩是全晶质他形细粒状结构，霏细岩则是隐晶质致密状，有瓷状断口特征。细晶岩与一些硫化矿脉和铌钽矿床有关，中国湖南有这种铌钽矿床产出。

碳酸岩

碳酸岩是主要由碳酸盐矿物组成的超基性火成岩。1921年在挪威西部奥斯陆地区首先发现，但直至20世纪60年代在坦桑尼亚观察到正在喷发的碳酸盐岩浆，后来又在乌干达波塔尔林地区发现了碳酸盐岩浆，岩浆成因的碳酸岩才被确认。

岩石呈浅灰至灰白色；具有细至粗粒粒状结构，有时呈巨晶结构；常为块状构造，有时见原生条带、球粒和球体构造。碳酸岩化学成分特殊，与一般硅酸盐岩浆岩相比，富 CaO 及 CO_2，贫 SiO_2 及 Al_2O_3；与沉积碳酸盐岩相比，富 SiO_2 及 Fe、Mg、Al、Ti、P 等的氧化物，而 CaO 及 CO_2 较低。

主要组成矿物为方解石、白云石及铁白云石，偶见菱铁矿。此外，还富含多种（180种左右）次要矿物和副矿物，如辉石类、金云母、磷灰石、天青石、铈族稀土氟碳酸盐矿物、独居石、磁铁矿、铌钽矿物、铀钍矿物、萤石、碳硅石等。一般根据所含碳酸盐矿物分为：方解石碳酸岩（方解石＞90%）、白云石碳酸岩（白云石＞90%）、方解白云碳酸岩（方解石 10%～50%）、白云方解碳酸岩（方解石 50%～90%）；亦可根据特征矿物进行进一步定名，如铁白云石碳酸岩和菱铁矿碳酸岩等。

碳酸岩有侵入相和喷出相之分，但分布都极稀少。具侵入产状的碳酸岩体常呈岩株、岩筒、环状岩墙、锥状岩墙产出。有的可见捕房体或深源包体（石榴二辉橄榄岩）。多与其他岩石共生，形成杂岩体，常见的两种产状是：①中心型碳酸岩杂岩体。多与超基性－碱性岩共生，与霓霞岩、橄榄岩等形成环状杂岩体，碳酸岩位于杂岩体的内部，而且往往是最后期的产物。②脉状碳酸岩体。多数出现在杂岩体内或围岩中，也有的单独呈脉状体与偏碱性的超基性岩脉共生。除南极洲外，所有大陆都有碳酸岩分布。在中国山东莱芜—淄博一带，有许多超基性煌斑岩脉，伴生有呈脉状、床状等产出的碳酸岩脉。中国四川、湖北等地也发现有侵入的碳酸岩。喷出相的碳酸岩除呈熔岩、火山碎屑岩产出外，还有呈火山颈相产出的碳酸岩体。

碳酸岩常发生强烈分离结晶作用、熔离作用和碱交代作用。成因说法不同，有下列几种：①超基性岩浆衍生的碳酸盐岩浆结晶生成；②碱性超基性岩浆分离出的富 CO_2 热液交代碱性岩或超基性岩生成；③富 CO_2 的含矿热液充填围岩裂隙形成。

碳酸岩伴生的矿产种类多，这是其与其他岩浆岩的重要区别。主要矿产有铈族稀土、铌、铀（钍）、铁、钛、磷、铜、铅、锌、蛭石、萤石及碳酸盐原料等。

超基性岩

超基性岩是二氧化硅（SiO_2）含量小于 45% 的火成岩。超基性岩在地球上分布有限，出露面积不超过火成岩总面积的 0.5%，而且主要是深成岩。常与超基性岩并用的术语是超镁铁岩，指镁铁矿物含量超过90%，颜色一般较深，密度较大的岩石，大多数超基性岩都是超镁铁岩。

◆ 矿物组成

主要造岩矿物是橄榄石、斜方辉石、单斜辉石和角闪石。次要矿物为石榴子石、云母和基性斜长石等。副矿物有铬铁矿、尖晶石、钛铁矿、磁铁矿、金属硫化物、铂族矿物和磷灰石等。蚀变矿物为各种蛇纹石、绿泥石、次生角闪石、滑石、水镁石、皂石、碳酸盐矿物、玉髓和次生石英等。

超基性岩类中主要有铬、铂、镍、钛等金属矿产。非金属矿产有金刚石、磷灰石、石棉、滑石、蛇纹石、菱镁矿等。有些质地良好的蛇纹岩可成为较好的玉石，如中国甘肃酒泉的祁连玉。

◆ 理化性质

常见的、较典型的侵入岩结构有粒状结构、镶嵌结构、包含（橄）

结构、网格结构、海绵陨铁结构，有时可出现变形、出溶和扭折结构等。超基性喷出岩主要有斑状结构、玻基斑状结构。科马提岩有特殊的鬣刺结构，金伯利岩还有环边假象结构。常见块状构造，少数有流动构造、条带状构造、层状构造。金伯利岩有角砾状构造、岩球构造。超基性岩在化学成分上属 SiO_2 不饱和系列。除辉石岩外，超基性岩的 SiO_2 含量均小于 45%，MgO、FeO 含量很高，$FeO+Fe_2O_3$ 一般大于 8%，MgO 大于 40%，Al_2O_3、Na_2O、K_2O 含量低，但碱性超基性岩的 Na_2O、K_2O 含量相对较高。超基性岩多具蚀变，致使岩石的化学成分变化很大，其中 H_2O、CO_2 含量往往较高。超基性岩的镁铁比值（MgO/FeO）或含镁系数（MgO/FeO+MgO）是具有重要意义的特征数值。根据这些数值，可将超基性岩分为镁质超基性岩、铁质超基性岩和富铁质超基性岩。不同铁镁比值的超基性岩含矿性不同。

超基性岩经常发生蛇纹石化、绿泥石化、透闪石化、次闪石化、滑石化、碳酸盐化、水镁石化和硅化等次生蚀变，其中以蛇纹石化最为常见。蛇纹石化超基性岩在地表或断层带内，经长期风化淋滤作用，常形成由玉髓、蛋白石、菱镁矿、褐铁矿、高岭石等组成的风化壳。

◆ **主要分类**

超基性岩可分为深成岩和喷出岩，通常包括橄榄岩、苦橄岩、科马提岩、麦美奇岩、金伯利岩、玻基橄榄岩、玻基辉石岩等。其中橄榄岩是超基性岩中最常见的岩石。含有一定数量碱性镁铁矿物的超基性岩为碱性超基性岩，此类岩石一般与碱性岩共生，故划入碱性岩系列。根据橄榄石、辉石和角闪石的相对含量以及国际通用分类方案，超基性深成

岩划分为：①纯橄岩。橄榄绿色，橄榄石含量占 90% 以上。副矿物为
铬尖晶石等，含量不超过 10%。橄榄石为镁橄榄石和贵橄榄石，粒度由
数毫米至数厘米，晶粒粗大的可形成巨晶纯橄岩。纯橄岩在超基性岩中
以独立岩相、透镜体、脉体、铬铁矿体的岩石外壳等形式产出。当岩石
中出现大量斜长石时，过渡为橄长岩，一般被划为基性岩类。②橄榄岩。
主要由橄榄石和辉石组成，是超基性岩中最常见的岩石类型。③辉石岩。
主要由辉石和橄榄石组成。根据辉石的种类、含量又可分为不同的岩石
类型。具镶嵌结构、粒状结构、包含（橄）结构等。辉石岩在超基性岩
和基性－超基性杂岩中呈单独岩相和岩脉产出。④角闪石岩。主要由角
闪石组成，可含少量橄榄石、辉石、斜长石和金属矿物。角闪石一般为
褐色普通角闪石。大颗粒角闪石中常包含橄榄石，从而形成包含（橄）
结构。⑤玻基橄榄岩。是一种超基性暗色熔岩，常与碱性玄武岩伴生。
岩石具斑状或似斑状结构，斑晶为橄榄石和含钛普通辉石，基质为黄褐
色玻璃或由含钛辉石、金属矿物和少量斜长石组成的微晶集合体。当岩
石中辉石含量超过橄榄石时可过渡为玻基辉石岩。⑥苦橄岩。橄榄岩的
浅成－喷出相。主要产状是岩床、岩墙等小侵入体，其次是玄武质熔岩
下部堆晶相。主要由橄榄石（含量为 50% ～ 70%）和辉石组成。辉石
多为普通辉石、含钛普通辉石，有时也出现铬透辉石、斜方辉石、基性
斜长石、棕色角闪石、云母和金属矿物，偶见磷灰石。岩石为暗绿色，
具微晶结构、粒状结构、嵌晶结构、填间结构等，常与玄武岩和辉绿岩
伴生。当苦橄岩具斑状结构时则过渡为苦橄玢岩。超基性岩类种属详细
划分，多采用 1972 年国际地质科学联合会地质年会推荐的侵入岩分类

命名方案。

◆ 基本类型

根据产出的地质环境和形态，超基性岩可分为：①独立的超基性岩体。其中又分层状和似层状基性－超基性侵入体，产于相对稳定的地质构造环境中，出露面积为几平方千米至数万平方千米不等。岩体的岩性具有明显的垂直分带和层状韵律构造。南非布什维尔德杂岩体是典型的层状岩体；中国康滇地区、秦巴地区有层状岩体出现。非层状基性－超基性侵入体出露于不同构造单元。分布于造山带的岩体呈陡倾斜的单斜或岩墙状，分布于稳定区的岩体多具同心环状构造。岩体一般以纯橄岩、橄榄岩和辉石岩为主，但往往伴生辉长岩。在具环状构造岩体的中央部分多为偏基性岩相。中国燕山、龙首山等地均有分布。②蛇绿岩套中的超基性岩。此类岩石出露于蛇绿岩套的最底部和堆积岩相的下部，前者是板块俯冲和缝合线上的上地幔岩局部熔融后的残余物，后者多为岩浆结晶的辉石岩、橄榄岩和橄长岩。③碱性玄武岩和金伯利岩中的超基性岩包体。在中国和世界许多碱性玄武岩和金伯利岩中出现尖晶石二辉橄榄岩和石榴子石二辉橄榄岩的包体。这些包体是玄武岩和金伯利岩喷发时携带的上地幔岩石碎块，有时也称之为幔源包体。④现代洋底超基性岩。在现代洋壳中存在的超基性岩，其成因与大洋中脊残留地幔有关。⑤陨石超基性岩。已陨落的石陨石绝大多数由超基性岩组成。

中国的超基性侵入岩分布较广，如秦岭－祁连山褶皱带、天山褶皱带、喜马拉雅褶皱带、燕辽褶皱带、横断山脉褶皱带、康滇台背斜等地均有发育。时代自前寒武纪至新生代岩体产状多为岩盆、岩床、岩脉、小的岩株。岩体一般都不大，常成群产出，且常常与基性岩体共生，并按一定构造方向延伸分布。如内蒙古北部超基性岩带由东向西延伸约1400千米，祁连山超基岩带延续400～500千米。中国较大的超基性岩体在西藏南部的雅鲁藏布江地区，岩体长达145千米，最宽处达6千米。

金伯利岩

金伯利岩是蛇纹石化的斑状金云母橄榄岩。一般认为，金伯利岩属碱性或偏碱性的超基性岩。因1887年发现于南非的金伯利（Kimberley），故名。是产金刚石的最主要火成岩之一。

◆ 矿物组成

包括：①原生矿物，主要是橄榄石，其次是金云母、透辉石，副矿物有铬铁矿、钛铁矿、钙钛矿、磷灰石等。②岩浆末期蚀变矿物，主要是蛇纹石和方解石或白云石。③包体矿物，常含有上地幔超镁铁和镁铁质岩石包体及其破碎后的矿物捕虏体、粗晶矿物捕虏体，以及岩浆早期晶出的巨晶，如镁铝榴石、含硬玉分子的单斜辉石，某些大颗粒半自形的橄榄石、斜方辉石、单斜辉石，以及叶理化、扭曲和具膝折的金云母大晶体等。

◆ 结构构造

常具斑状结构、细粒结构和火山碎屑结构。块状构造和角砾状构造。呈斑状结构的，斑晶主要为橄榄石和金云母，橄榄石呈浑圆状并普遍受到强烈的蛇纹石化和碳酸盐化蚀变；基质呈显微斑状结构，由橄榄石、金云母、磁铁矿、铬铁矿、钛铁矿、钙钛矿、磷灰石等组成。呈角砾状构造的，角砾成分复杂，有来自上地幔的碎块，也有来自浅部围岩的碎块。大量角砾的存在反映了金伯利岩岩浆具有爆发作用的特征。此外，中国和其他国家的某些金伯利岩岩筒中普遍含金伯利岩岩球，俗称"凤凰蛋"，从樱桃到鸡蛋大小，是原生金刚石矿床的找矿标志之一。

◆ **化学成分**

金伯利岩 MgO 含量高，富含挥发分，SiO_2 和 Al_2O_3 含量低。主要有以下特点：①属 SiO_2 不饱和岩石，与超基性岩平均成分相比，SiO_2 偏低（一般小于 40%，少部分为 40% ～ 45%），$K_2O > Na_2O$，$Al_2O_3 > (K_2O+Na_2O)$。②MgO/SiO_2 近于 1，当岩石强烈碳酸盐化时，Mg^{2+} 被 Ca^{2+} 替代，使（$MgO+CaO$）含量与 SiO_2 近于相等。③岩浆富含 H_2O 及 CO_2，导致岩石强烈蚀变。④在微量元素方面，一般以 Cr、Ni、Co 为主的相容元素含量高，以 Rb、Cs、Ba、Sr、Zr、Nb、Th、REE、P 等为主的不相容元素含量也较高。REE 主要赋存于钙钛矿和磷灰石中。金伯利岩以 LREE 很富集的简单线形 REE 配分型式和 La/Yb 比值大部分为 80 ～ 200 为特征，比大多数其他幔源镁铁质、超镁铁质岩浆岩高，这一特征反映了金伯利岩母岩浆的特征。

◆ **产状和时代**

金伯利岩常呈岩筒、岩墙产出。学术界普遍认为，形成富含金刚石金伯利岩最有利的大地构造环境是具有古老大陆克拉通地壳和其后长期有稳定盖层的地域。

◆ **相关矿产**

不是所有的金伯利岩都含金刚石，含金刚石较富的金伯利岩岩体已知为数不多。虽然尚有不同的看法，但人们对含金刚石的贫与富常有以下经验性或统计的规律：①具火山碎屑结构的金伯利岩，若富含镁铝榴石二辉橄榄岩、方辉橄榄岩和纯橄岩等上地幔包体或其矿物包体，则金刚石富且质量好；含地壳围岩碎屑多的，则较贫。②具斑状结构的金伯利岩含金刚石较富，呈显微斑状结构的较贫。③富含橄榄石且颗粒粗大的金伯利岩，含金刚石富；而富含金云母的金伯利岩，含金刚石贫。④橄榄石含 Mg 和 Cr 越高，含金刚石也越富；铬铁矿含量高且铬铁矿中 Cr/（Cr+Al）> 90%，金刚石含量高；富 Cr 贫 Al 的透辉石（$Cr_2O_3 > 1.2\%$）含量较多以及镁铝榴石含 Cr 高（$Cr_2O_3 > 2.5\%$），金刚石含量也高。

科马提岩

科马提岩是超基性喷出岩。1969 年首次发现于南非巴伯顿山地的科马提（Komati）河流域，故名。是常见于太古代绿岩中枕状岩流顶部、具鬣刺结构的超镁铁质熔岩。

◆ 矿物及化学成分

岩石主要由橄榄石、辉石的斑晶（或骸晶）和少量铬尖晶石以及玻璃基质组成。次生矿物主要有蛇纹石、绿泥石、角闪石、碳酸盐矿物以及磁铁矿等。典型的科马提岩以 MgO > 18%（无水）、CaO/Al_2O_3 大于 1、高 Ni、高 Cr、高 Fe/Mg、低碱为特征。

◆ 结构构造

常见枕状构造，特别是具典型的鬣刺（鱼骨状或羽状）结构。其特点是橄榄石呈细长的锯齿状斑晶，当这些晶体近于平行丛生时形如鬣刺草，是高镁熔体快速结晶的产物。

◆ **成因**

岩石学研究早期，曾认为超基性岩是一种无喷出相的岩石。科马提岩的发现对证实超基性岩的岩浆成因具有重要意义。它是地幔高度部分熔融的产物，是地球早期富镁原始岩浆的代表。科马提岩一词已被扩大使用，广义的科马提岩（或称科马提岩系）中，除上述典型科马提岩外，还包括与之有成因联系和具科马提岩某些特征的玄武岩。因此有人认为在矿物组成和结构上还应包括快速生长的、具细杆状骸晶结构的辉石。

在化学成分上，以高 MgO（> 18%）、低碱（K_2O < 0.9%）为特征。具 SiO_2 和 MgO 含量的科马提岩可分为两类：橄榄质科马提岩（SiO_2 < 44%，MgO20% ~ 40%）和玄武质科马提岩（$SiO_2$44% ~ 56%，MgO9% ~ 20%），具有较低的稀土含量（REE10×10^{-6} ~ 59×10^{-6}），（La/Lu）N 比值较低，为 0.24 ~ 4.8，国际上常常按照 CaO/Al_2O_3 比值划分为两类：铝亏损型（较高的 CaO/Al_2O_3，比值约 1.5，亏损 Al、V、Sc 和重稀土元素）和铝不亏损型（较低的 CaO/Al_2O_3，比值约 1，具有平坦的重稀土分配模式）。中国山东蒙阴地区也发现过科马提岩，其矿物组合为橄榄石、辉石、透闪石、蛇纹石和磁铁矿等，成分上表现出橄榄质科马提岩特征。学术界已提出了多种科马提岩的成因模式，例如，干地幔熔融模式、湿地幔熔融模式、板块俯冲模式、地幔柱熔融模式等，但地幔柱熔融模式获得了较广泛的支持。

◆ **分类**

有人将广义的科马提岩分为橄榄质科马提岩（典型科马提岩）、玄武质科马提岩和科马提质玄武岩。对后两者使用应慎重。

◆ **分布及矿产**

在南非、澳大利亚西部、芬兰、美国、加拿大的太古代绿岩中常有科马提岩出露，中国山东蒙阴地区也发现过科马提岩。与科马提岩有关的矿产有金、铜、锑、镍，其中镍矿储量尤为丰富，有时也有温石棉、菱镁矿、滑石等矿床。

麦美奇岩

麦美奇岩是超基性浅成岩或喷出岩。因首次发现于俄罗斯西伯利亚地台迈麦恰河流域而得名。岩石由斑晶和基质两部分组成。斑晶为蛇纹石化橄榄石，粒度 2～15 毫米。基质矿物为钛普通辉石、金属矿物、杏仁状碳酸盐和蛇纹石填充物。按结晶程度可分为玻璃、微晶和粒状 3 种结构。当橄榄石达到一定含量时，岩石相当于玻璃基质纯橄岩。麦美奇岩常与苦橄岩、橄榄岩伴生，当岩石中碱质偏高时，可过渡为碱超基性岩。麦美奇岩常见于浅成岩体中，岩体上部和边部岩石多具脱玻和斑状结构，中部玻璃基质减少，下部变为粒状结构并逐渐过渡为橄榄岩。

苦橄岩

苦橄岩是富含橄榄石的超镁铁质火山岩。苦橄岩产于玄武岩系的底部，常与苦橄质玄武岩共生。岩石多为斑状结构，斑晶多为橄榄石，也有少量的辉石。橄榄石含量高达 50% ～ 75%，辉石为普通辉石、含铬透辉石、易变辉石和紫苏辉石。此外，岩石中可含少量斜长石、角闪石、金属矿物等。化学成分与富含橄榄石斑晶的大洋玄武岩相近，但 SiO_2 含量较低，Al_2O_3、K_2O、Na_2O 含量比超镁铁质侵入岩高，矿物组成上含有一定量的斜长石。苦橄岩常形成于与地幔柱活动有关的大陆溢流玄武岩区或大洋溢流玄武岩区；也有少量苦橄岩形成于与俯冲有关的岛弧环境。

辉石岩

辉石岩是属超基性侵入岩，为黑色或黑绿色。二氧化硅含量稍高，多为 50% 左右；钙、镁、铁含量较高。岩石结构多为中粗粒半自形粒状结构。主要矿物为辉石，其含量一般大于 90%。次要矿物有橄榄石、角闪石和黑云母，也可有少量基性斜长石。根据辉石种类和含量的不同，辉石岩可进一步划分种属，常见的有方辉辉石岩、透辉石岩、二辉辉石岩、橄榄辉石岩（橄榄石含量可达 40%）。方辉辉石岩又据斜方辉石的种类可再分为顽火辉石岩（主要由顽火辉石组成、古铜辉石岩（主要由古铜辉石组成）、紫苏辉石岩（主要由紫苏辉石组成。辉石

辉石岩标本

岩常常发生次生变化,主要有蛇纹石化、绿泥石化、绿帘石化、透闪石化、碳酸盐化等。辉石岩常形成小岩体,往往与橄榄岩共生。中国河北、内蒙古、辽宁、安徽等地均有产出。与辉石岩有关的矿产有钒、钛、镍、钴、铁等。新鲜的辉石岩,颜色纯正,是良好的装饰石材。

角闪石岩

角闪石岩是超铁镁质侵入岩,又称普通角闪石岩。角闪石岩常为褐色、褐黑色或墨绿色。中 - 粗粒半自形粒状结构,角闪石岩中深色矿物占优势。真正的角闪石岩中除普通角闪石外,几乎不含其他矿物,角闪石含量大于 90%,这些角闪石可能是辉石和橄榄石的蚀变产物,除了角闪石之外有时还含有少量辉石、橄榄石或斜长石。并常见磁铁矿、铬铁矿等沿角闪石解理分布构成系列结构。常呈脉状产出,穿插于其他超基性岩体中。地幔中角闪石岩通常以脉体形式贯穿于橄榄岩中,与含水流体的交代作用有关。角闪岩不同于角闪石岩的概念,是主要由角闪石组成的变质岩,二者不可混淆。

地幔岩

地幔岩是一种对原始地幔物质假想的岩石名称。

◆ 化学成分

D.H. 格林和 A.E. 林伍德认为,上地幔物质经部分熔融能产生少量玄武岩浆,大量的残余组分成分相当于造山带阿尔卑斯型橄榄岩,设想橄榄岩和玄武岩按 3 : 1 ~ 4 : 1 的比例混合,即可得到原来地幔的化学组成，并计算其矿物组成为辉石、橄榄石和镁铝榴石。地幔岩的代表性模型由 3 份阿尔卑斯型橄榄岩（橄榄石 79%、斜方辉石 20% 和尖晶石 1%）和 1 份夏威夷拉斑玄武岩组成。得出的模型成分为：二氧化硅（SiO_2）为 45.16%、二氧化钛（TiO_2）为 0.71%、氧化铝（Al_2O_3）为 3.54%、氧化铁（Fe_2O_3）为 0.46%、氧化亚铁（FeO）为 8.04%、一氧化锰（MnO）为 0.14%、氧化镁（MgO）为 37.47%、氧化钙（CaO）为 3.08%、氧化钠（Na_2O）为 0.51%、氧化钾（K_2O）为 0.13%、五氧化二磷（P_2O_5）为 0.06%、氧化铬（Cr_2O_3）为 0.43%、氧化镍（NiO_2）为 0.20%、$Fe^{2+}/Mg+Fe^{2+}$ 为 0.10。地幔岩的成分随计算所用的橄榄岩和玄武岩化学组成的不同及其混合的比值大小有所不同。此外，地球上现在见到的玄武岩能否代表原生岩浆仍有疑问，例如，夏威夷拉斑玄武岩富含 TiO_2，据此计算的模型成分将变化。

◆ 岩石类型

20 世纪 70 年代以来，通过对碱性玄武岩和金伯利岩中一些从深部幔源区带到地表的地幔岩包体及阿尔卑斯型超镁铁质侵入岩的研究，获得了许多关于地幔岩特征的信息。已确认的地幔岩包体岩石类型有二辉橄榄岩、方辉橄榄岩、纯橄榄岩、辉石岩和榴辉岩。其中以二辉橄榄岩占绝对优势，尤以尖晶石二辉橄榄岩最常见。

◆ 分类

按化学成分特征，地幔岩可分为原始地幔岩、亏损地幔岩和交代富集型地幔岩。原始地幔岩又称饱满地幔岩，是未经熔融和流体交代的地幔岩，其化学成分与地幔岩的平均成分相近，$Mg^{\#}$ 值（MgO 与

MgO+FeO 比值）一般为 87.4 ～ 89.3，岩性为二辉橄榄岩。亏损地幔岩又称残留地幔岩，是地幔部分熔出岩浆后的残留体，与原始地幔岩相比明显亏损易熔组分，如 K_2O、Na_2O、Al_2O_3、TiO_2 等；$Mg^\#$ 值高，多大于 91，一般为 91.5 ～ 93.5；铷（Rb）、锶（Sr）、钡（Ba）、钾（K）、锆（Zr）等元素亏损。交代富集型地幔岩是经过地幔流体交代的地幔岩，与原始地幔岩相比明显富碱、轻稀土元素及 Rb、Sr、Ba 等，有时还富铁；$Mg^\#$ 较低，可低至 79；矿物成分上可出现富钾矿物，如角闪石和金云母等。

◆ **结构构造**

地幔岩的结构多为变形变晶结构，火成粒状结构较少，普遍发育碎斑结构。橄榄石常见扭折带，辉石常有出溶叶片。也可见重结晶的板状等粒变晶结构和镶嵌等粒变晶结构。有些辉石岩中可见火成堆积结构叠加变形结构。构造有条带状构造、斑杂构造等，有的有清晰的定向。

◆ **分布**

中国东部地区的黑龙江、吉林、辽宁、河北、山东、江苏、安徽、福建都发现有地幔岩包体，是研究地幔岩的良好样品。

钾镁煌斑岩

钾镁煌斑岩是超钾质系列的镁铁质－超镁铁质超浅成侵入岩或火山岩，是含金刚石的一种母岩，又称金云火山岩。钾镁煌斑岩于 1975 年首次在澳大利亚西部地区被发现。岩石一般为棕褐色，多为斑状结构，块状和角砾状构造。角砾成分除围岩碎屑外，还有深源包体，主要是二辉橄榄岩和方辉橄榄岩碎屑，另有一些晶屑。

◆ **矿物组成**

主要原生矿物有富镁橄榄石、金云母、透辉石、钾碱镁闪石、白榴石。副矿物种类较多，有榍石、锆石、磷灰石、镁铝－铁铝榴石、钙钛矿、铬铁矿、磁铁矿、金红石等，还可有少量玻璃质。特征矿物为低铝富钛的金云母、钾碱镁闪石、锆石和氟磷灰石。

◆ **化学成分**

特征为富钾、镁。氧化钾常为 7%～12%、氧化镁为 5%～29%；二氧化硅大于 40%；二氧化钛含量不定，最高含量可达 7%；富含稀土微量元素，如铷、锶、钡、铅、钍、铀、锆、铌等。岩石一般为碱性至过碱性。

◆ **分类**

根据矿物组合不同，钾镁煌斑岩可分为两类：橄榄钾镁煌斑岩和白榴钾镁煌斑岩，中间有一些过渡类型，常见的有透辉石白榴钾镁煌斑岩、金云母钾镁煌斑岩等。①橄榄钾镁煌斑岩主要由橄榄石、金云母、透辉石及副矿物组成，橄榄石可成粗晶或斑晶，金云母、透辉石可成斑晶和基质，基质中常有少量玻璃质，但多已脱玻化。有些金云母可连片生长，包裹其他晶体，形成嵌晶结构，称为嵌晶状金云母钾镁煌斑岩。有时可见粗晶的橄榄石被自形较好的细小橄榄石集合体组成包围边缘，形成"犬牙状结构"。②白榴钾镁煌斑岩主要矿物为白榴石，其次为橄榄石、透辉石和金云母，这些矿物形成斑晶和基质，一般橄榄石不形成粗晶，岩石为斑状结构。

◆ **产状与分布**

钾镁煌斑岩多呈岩筒、岩床产出，少量为岩墙状，成群产出，成带分布。形成时代由晚元古代至中新世，多与超钾质火山岩和碳酸岩共生。含金刚石的钾镁煌斑岩主要分布在澳大利亚西部地区和美国阿肯色州。中国湖北、河北、贵州发现有钾镁煌斑岩，但未找到含金刚石的钾镁煌斑岩。

◆ **相关矿产**

橄榄钾镁煌斑岩富含金刚石，一般品位在百吨矿石含金刚石 5 ～ 10 克拉，最富的可高达百吨矿石含金刚石 700 克拉。金刚石含量虽然丰富，但质量好的不多。如某钾镁煌斑岩岩筒，估计金刚石含量多达 6 亿克拉，但是宝石级的仅有 360 万克拉，约占 6%。白榴钾镁煌斑岩也可含少量金刚石，但不具有经济价值。

斜方辉橄岩

斜方辉橄岩是超镁铁质侵入岩，又称方辉橄榄岩。岩石成分中几乎全部由橄榄石和斜方辉石（顽火辉石、古铜辉石或紫苏辉石）组成，次要矿物和副矿物常为铬铁矿、磁铁矿、透辉石，有的还含少量斜长石。为橄榄岩的一种。因发现于德国的哈尔茨山而得名。与纯橄岩、二辉橄榄岩等同是地幔上部的主要组成部分，常发现于蛇绿岩及造山带中阿尔卑斯型橄榄岩地体中，或产出于洋中脊附近断裂中剥离的大洋岩石圈地幔中，作为金伯利岩等来自地幔岩浆中的包体存在，也可与纯橄榄岩等组成杂岩体。斜方辉橄岩主要是二辉橄榄岩经部分熔融，熔体抽取后形成的固相残余；也可由陆壳下部的玄武质岩浆房堆晶而成。斜方辉橄岩部分熔融形成岩浆，喷出地表形成玄武岩。当斜方辉橄岩中的辉石全部熔融形成岩浆时，残余的岩石是纯橄岩。

橄榄岩

橄榄岩是由橄榄石和辉石组成的超基性深成岩。橄榄岩中的橄榄石一般为镁橄榄石和贵橄榄石，辉石为斜方辉石和单斜辉石，少量矿物有石榴子石、云母、斜长石等，副矿物为铬尖晶石、钛铁矿以及其他金属矿物。中国西藏的一些橄榄岩中还发现了金刚石、石墨、碳硅石、锆石等矿物。

岩石结构主要为半自形粒状结构、粒状镶嵌结构、网状结构等。化学成分上，橄榄岩以二氧化硅含量小于45%，平均值为42.30%，铁、镁含量高于其他各类火成岩为特征。岩石中出现原生角闪石则过渡为角闪橄榄岩类或角闪石岩。自然界新鲜的橄榄岩很少，多已发生次生变化，主要为蛇纹石化，其次有滑石化、绿泥石化、透闪石化、碳酸盐化等。

根据橄榄石和辉石的含量比例不同，橄榄岩可分为纯橄榄岩（橄榄石大于90%）、辉石橄榄岩（橄榄石为75%～90%）、橄榄岩（橄榄石为40%～75%）。根据辉石种属的不同，又可分为方辉橄榄岩（含斜方辉石为主）、单辉橄榄岩（含单斜辉石为主）和二辉橄榄岩（两种辉石含量相近）。

橄榄岩可呈单独岩体或独立的岩相、玄武岩和金伯利岩的岩石包体、蛇绿岩套底部的残余上地幔岩石碎块等产状产出。与橄榄岩有关的矿产有铬铁矿、铜镍矿、钒钛磁铁矿和铂矿等。

　　橄榄岩在中国的西藏、青海、甘肃、宁夏、陕西、河北、内蒙古等地区有广泛分布。非金属矿产有滑石、石棉、菱镁矿、磷灰石等。橄榄岩经蚀变形成的蛇纹岩，有些质地细腻，颜色美丽，是很好的玉石材料。有些蛇纹岩花色美观，是很好的装饰石材。一些结晶较粗大（大于3～4毫米）的橄榄石，透明清晰，可做宝石材料。橄榄岩是富镁的岩石，可与磷块岩或磷灰石一起烧制钙镁磷肥，还可为提取金属镁、镁化合物和泻利盐的原料，亦可用作耐火材料使用。

纯橄榄岩

　　纯橄榄岩是超基性侵入岩。初次发现于新西兰的邓尼山，故又称邓尼岩。纯橄榄岩致密坚硬，主要由橄榄石（93%～96%）和斜方辉石（3%～6%）组成。常含少量铬尖晶石、镁铝榴石、铬铁矿、磁铁矿、钛铁矿、磁黄铁矿、自然铂等矿物。其中，斜方辉石大多蚀变为绢石。新鲜的纯橄榄岩常呈橄榄绿、黄绿或褐绿色，半自形粒状结构或粒状镶嵌结构，块状构造，富含铁矿物的常呈海绵陨铁结构。纯橄榄岩易发生蛇纹石化蚀变，新鲜未蛇纹石化者少见，与其他橄榄岩构成了上部地幔的主要组成成分。陆壳中较少见，常构成蛇绿岩底部成分，或存在于构造侵位的造山带橄榄岩中。此外，还可以以地幔包体的形式被金伯利岩、玄武岩、钾镁煌斑岩等岩浆从地幔源区捕房而来，或与橄榄岩、辉石岩、辉长岩等形成杂岩体。一般把方辉橄榄岩和纯橄榄岩，看作原始地幔岩熔出玄武岩以后的难熔固相残留物。通过对石榴子石二辉橄榄岩的高压熔融实验，发现当原始地幔岩熔出大于等于 20% 的玄武岩熔浆后，难熔的残留物相当于方辉橄榄岩；当原始地幔岩熔出大于等于 45% 的玄武岩熔浆后，则难熔物质的残留物相当于纯橄榄岩。

二辉橄榄岩

二辉橄榄岩是粗粒超镁铁质岩。二辉橄榄岩主要由橄榄石、单斜辉石、斜方辉石和其他副矿物组成。其橄榄石含量为 40%～90%，单斜辉石与斜方辉石含量各大于 5%，常含有少量铬铁矿、铝尖晶石、石榴子石等副矿物。主要结构构造特征与橄榄岩相似。二辉橄榄岩形成于较浅部（20～30 千米）地幔的二辉橄榄岩中偶见斜长石。在更深处时，斜长石变得不稳定，被尖晶石取代；深度进一步加大（约 90 千米），石榴子石成为主要的富铝相。二辉橄榄岩最初见于法国比利牛斯山脉 Lherz 地体。可产出于蛇绿岩下部的超基性岩中、阿尔卑斯型橄榄岩地体中、洋中脊附近断裂中剥离的大洋岩石圈地幔中，或作为金伯利岩等来自地幔的岩浆岩中的包体存在。在中国东部新生代碱性玄武岩中的橄榄岩捕房体主要是尖晶石二辉橄榄岩，而在金伯利岩的橄榄岩捕房体中尖晶石二辉橄榄岩和石榴石二辉橄榄岩捕房体都很常见。尖晶石二辉橄榄岩部分熔融是玄武岩浆的一个主要来源。月球的下地幔被认为是由二辉橄榄岩组成的。

煌斑岩

煌斑岩是暗色矿物含量较多的暗色脉岩。成分上多数与中 - 基性岩相近，少数与超基性岩相似。二氧化硅含量变化于 28% ～ 52%，铁镁氧化物、钾、钠、磷及挥发分较高。按化学成分特点，分为钙碱性系列和碱性系列煌斑岩。常见的暗色矿物为角闪石和黑云母，其次为辉石，橄榄石少见；浅色矿物主要为长石类（钾长石和斜长石），其次为似长石类矿物；副矿物有磷灰石、锆石、榍石和磁铁矿。岩石多具斑状结构，也有等粒结构，有的结晶较细。暗色矿物自形程度较高，是煌斑岩的特征结构，故又称煌斑结构。当煌斑岩结晶较细、其长石种属无法鉴定时，可根据暗色矿物特征分为云母煌斑岩、角闪煌斑岩和辉石煌斑岩。如果长石种属能确定，可结合长石和暗色矿物种类进一步划分煌斑岩种属。

云煌岩

云煌岩是浅成的超镁铁质岩，为煌斑岩的一种，为云母煌斑岩。云煌岩最初为矿工们用来表示鲕状铁矿石的古老术语，后来用于表示煌斑岩的变种。灰褐色、黑色，色率为 30% ～ 40%。煌斑结构或全自形等粒结构，块状构造。主要由黑云母、正长石组成，次要矿物有普通辉石（或角闪石）和斜长石。斑晶主要为自形的黑云母，新鲜的黑云母辉煌发亮，有时含少量辉石和角闪石的斑晶，偶见橄榄石斑晶。基质主要为正长石和黑云母，有时出现少量斜长石和辉石微晶。镁橄榄石和透辉石也可能出现。含大量的蚀变碳酸岩矿物。其中的黑云母一般含钛，为褐红色，且常见环带状分布，通常中心颜色浅，边缘颜色深。云煌岩的特征是主要的镁铁矿物中黑云母大于角闪石，浅色矿物中碱性长石大于斜长石。云煌岩若由黑云母和碱性长石组成，并稍含霓石或霓辉石，则称为钠云煌岩。

与云斜煌岩一样同为云母煌斑岩，特征相似，区别在于其浅色矿物主要为正长石，而云斜煌岩浅色矿物则主要为斜长石。它们均为大陆地区广泛分布的暗色脉岩，常常与花岗质岩体相伴生。

云斜煌岩

云斜煌岩是浅成的超镁铁质岩，为煌斑岩的一种。云斜煌岩呈灰褐色、黑色，色率为 30% ~ 40%。煌斑结构或全自形等粒结构，块状构造。主要由黑云母、斜长石组成，次要矿物有普通辉石（或角闪石）和正长石。斑晶主要为自形的黑云母，新鲜的黑云母辉煌发亮，有时含少量辉石和角闪石的斑晶，偶见橄榄石斑晶。基质主要为斜长石和黑云母，有时出现少量斜长石和辉石微晶。镁橄榄石和透辉石也可能出现。含大量的蚀变碳酸岩矿物。其中的黑云母一般含钛，为褐红色，且常见环带状分布，通常中心颜色浅，边缘颜色深。云煌岩的特征是主要的镁铁矿物中黑云母大于角闪石，浅色矿物中斜长石大于正长石。

与云煌岩一样同为云母煌斑岩，特征相似，区别在于其浅色矿物主要为斜长石（中长石 - 奥长石），且环带结构发育，而云煌岩浅色矿物则主要为正长石。它们均为大陆地区广泛分布的暗色脉岩，常常与花岗质岩体相伴生。

闪斜煌岩

闪斜煌岩是浅成的超镁铁质岩，为煌斑岩的一种。闪斜煌岩呈灰绿色或灰黑色，色率为30%～50%。主要为煌斑结构，还常见自形粒状等粒状结构，致密块状构造。主要组成矿物为普通角闪石和斜长石。其中的斜长石主要为中长石。角闪石一般为绿色或褐绿色，长柱状自形晶。斑状结构中斑晶主要为普通角闪石，有时出现少量普通辉石或橄榄石，基质以斜长石为主，还有针柱状自形角闪石微晶和少量碱性长石及石英。当斑晶成分以拉长石和普通辉石为主时，可定名为拉辉煌岩。闪斜煌岩的主要特征是镁铁矿物主要为角闪石、透辉石，有时可见橄榄石，浅色矿物中斜长石大于正长石。

与闪正煌岩一样同为角闪煌斑岩，特征相似，区别在于其浅色矿物主要为斜长石，而闪正煌岩浅色矿物则主要为正长石。它们在成分上均相当于中性岩类。均为大陆地区广泛分布的暗色脉岩。

闪正煌岩

闪正煌岩是浅成的超镁铁质岩，为煌斑岩的一种。闪正煌岩呈灰绿色或灰黑色，色率为30%～50%。主要为煌斑结构，还常见自形粒状等粒状结构，致密块状构造。主要组成矿物为普通角闪石和碱性长石，次要矿物为透辉石和斜长石。斑状结构中斑晶主要为普通角闪石，偶见普通辉石斑晶，基质主要由碱性长石和角闪石构成微晶结构或隐晶质结构。其中的角闪石一般为绿色或褐绿色，长柱状自形晶。闪正煌岩的主要特征是镁铁矿物主要为角闪石、透辉石，有时可见橄榄石，浅色矿物中正长石大于斜长石。

与闪斜煌岩一样同为角闪煌斑岩，特征相似，区别在于其浅色矿物主要为正长石，而闪斜煌岩浅色矿物则主要为斜长石。它们在成分上均相当于中性岩类。均为大陆地区广泛分布的暗色脉岩。

基性岩

基性岩是富铁镁矿物和钙质斜长石的火成岩。二氧化硅含量为45%～52%，色率一般为35～65，故颜色较深，多呈中灰色至深灰色。

◆ 矿物组成

铁镁矿物主要为辉石类，其次为橄榄石、角闪石和黑云母。硅铝矿物主要为斜长石类和碱性长石类。

◆ 结构构造

深成侵入岩主要为半自形中细粒结构，少数为半自形中粗粒结构；浅成侵入岩以斑状结构和辉绿结构为主；喷出岩结构多为斑状结构、隐晶质结构（间粒结构、填隙结构、间片结构、交织结构等）。岩石构造常见块状构造，其次为条带状构造、层状构造、球状构造等。

◆ 分类

根据氧化钾（K_2O）与氧化钠（Na_2O）的含量之和，基性岩可分为两个系列：钙碱性系列（K_2O+Na_2O平均含量小于3.5%）和碱性系列（K_2O+Na_2O平均含量为4.5%～7%）。两个系列化学成分不同，主要矿物种类也有差别。钙碱性系列基性岩主要矿物为富镁和富钙的斜方辉石和单斜辉石、基性斜长石。其代表性岩石：深成岩为辉长岩，浅成岩为辉绿岩，喷出岩为玄武岩。碱性系列基性岩主要矿物为碱性长石和基性斜长石，富钛和富碱的单斜辉石，还可能有较多的橄榄石和不等量的似长石，似长石最多可达 50% 以上。其代表性岩石：深成侵入岩为碱性辉长岩，浅成侵入岩为碱性辉绿岩，喷出岩为碱性玄武岩、碱玄岩、碧玄岩和白榴岩。

◆ **产状与分布**

基性侵入岩可形成独立的小岩体，也常与超基性岩类、中性岩类共生，产状多为岩床、岩盆、岩脉。喷出岩主要形成大规模的熔岩流、熔岩被。月球表面主要由辉长岩和玄武岩构成。绝大多数基性岩都由来自上地幔的玄武质基性岩浆结晶形成。

橙玄玻璃

橙玄玻璃是橙黄色或橙色中基性雏晶矿物集合体，是玄武玻璃的水化产物。在单偏光镜下，橙玄玻璃呈红、橙、黄等不同色调，有时无色。随含水量的增加，折射率降低。水化过程还伴随玻璃脱玻化，产生一系列脱玻化矿物，如钙交沸石、菱沸石、方沸石、蒙脱石、蛋白石、镁方解石、石膏等。自然界中橙玄玻璃比玄武玻璃更常见。橙玄玻璃也可能由玄武岩熔体和水反应形成。当热的岩浆或小的岩浆碎屑与热水蒸气反应时，在玄武岩爆发的区域与水接触的位置，会形成橙玄玻璃的火山岩锥，如加拉帕戈斯岛的火山碎屑岩岩锥。

苏长岩

苏长岩是中粗粒基性侵入岩。主要由斜长石（倍长石、拉长石）和斜方辉石（紫苏辉石）组成。有时含少量橄榄石、单斜辉石。与辉长岩的区别在于苏长岩中的辉石主要为斜方辉石，而辉长岩中的辉石主要为单斜辉石。苏长岩常与辉长岩、超镁铁质岩共生于层状侵入体中，如南非布什维尔德火成杂岩体。与苏长岩有关的矿产主要是铜、镍、铂、铁等。

斜长岩

斜长岩是由90%或更多的斜长石组成的基性侵入岩。除斜长石外，还包含各种辉石、橄榄石和角闪石等深色矿物。但铁镁矿物含量少，岩石均为浅色。结构以中粗粒半自形或他形粒状结构为主。随铁镁矿物含量增加，可过渡为辉长岩。斜长岩次生变化多为钠黝帘石化和绿泥石化。

斜长岩在大陆和大洋地区都有分布，从早太古代到新生代都有产出，但在前寒武纪地区形成巨大的块体。斜长岩既可形成大的独立岩体，也可与辉长岩共生。和辉长岩共生时，斜长岩主要分布在层状基性侵入体的上部。此外，还有月球型斜长岩。与地球上的同类岩石相比，月球的角砾状斜长岩结构呈非常好的细粒状，被认为是由

斜长岩标本

陨石冲击粉碎所致，或是由冲击熔体迅速结晶而成。月球斜长岩是层状类型的，是由来自玄武岩质熔体的斜长石堆晶而成。这些富含斜长石的岩石和斜长岩构成月球表面的主体。中国典型的斜长岩在河北省承德大

庙有较多分布，与斜长岩有关的矿产主要是钛铁矿。

细碧岩

细碧岩是由隐晶质、富钠贫钙、含钠质斜长石的基性岩浆，在水下喷发形成的基性火山岩。细碧岩一词由 A. 布龙尼亚于 1827 年提出，用以描述无斑或少斑、高钠富次生矿物的喷出岩。化学成分上，其 SiO_2 含量（质量分数）与玄武岩中的 SiO_2 含量相仿，但变化范围较大，为 45% ~ 53%；富碱，并常以 Na_2O 含量（一般为 4% ~ 6.5%）显著高于 K_2O 为特征。细碧岩的基本矿物组分是酸性斜长石（钠长石或更长石）、绿泥石和铁钛氧化物，有时含绿帘石、阳起石、方解石和少量石英，偶尔含辉石和橄榄石。细碧岩的结构、构造与玄武岩的相仿，但以填间结构、间粒结构和块状构造常见。细碧岩常以海底熔岩流的形式产出，与水接触的熔岩前峰或表层因淬冷作用，其中的钠长石和（或）辉石微晶呈骸晶结构，铁钛氧化物呈树枝状结构；同时可能出现枕状构造，其形态指示岩流顶面（枕状体向上突起和弯曲）和底面（向枕状体中心内凹或向下呈楔形）。细碧岩主要在水下斜坡形成枕状构造，而不是在平坦的海底

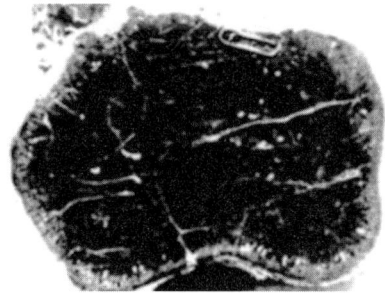

细碧岩的枕状构

或洼地、洞穴中；也可以具气孔构造、杏仁构造以及火山碎屑结构，但其数量和发育程度低于玄武岩。细碧岩还可形成小侵入体，一般与角斑岩、石英角斑岩以及相应成分的火山碎屑岩共生，成为细碧-角斑岩系；

也可以与橄榄岩、辉石岩以及辉长质杂岩等组成蛇绿岩套。细碧岩的成因主要存在 3 种观点：①由细碧岩岩浆结晶形成，因为在细碧岩中见到众多钠长石自形斑晶和燕尾状钠长石骸晶。②海底玄武岩在其结晶晚期或结晶后，其中的钙质斜长石受海水中钠的置换，转变为钠长石，多余的钙参与了富钙的绿帘石和方解石的生成，由此产生细碧岩。③玄武岩经埋藏变质作用形成细碧岩。

辉绿岩

辉绿岩是浅色的基性浅成侵入岩，为显晶质，细-中粒岩石，颜色为暗灰-灰黑色。化学成分和组成矿物与辉长岩基本相同，但岩石结构不同。常具辉绿结构或次辉绿结构。辉绿结构指辉石的平均粒径大于斜长石平均长度，呈现一颗辉石包裹许多斜长石的现象；如果辉石平均粒径小于或近似于斜长石平均长度，则呈现辉石局部包裹斜长石或与斜长石相间，称为次辉绿结构。对于辉绿结构和次辉绿结构的成因说法不一，一般认为是由于浅成条件下矿物结晶顺序的早晚所形成。主要组成矿物为辉石类（包括碱性辉石类）和基性斜长石，其次

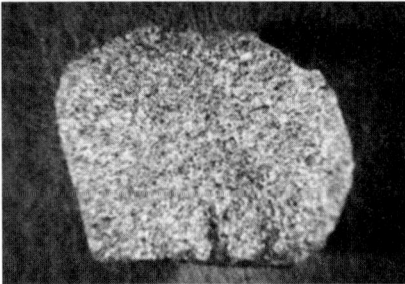

辉绿岩标本

有橄榄石、角闪石、黑云母和碱性长石，可有少量石英。副矿物常为磁铁矿、钛铁矿和磷灰石。

根据次要矿物或暗色矿物的成分不同可进一步划分为：含较多填隙

石英，或含由石英和正长石构成的填隙文象状交生体的辉绿岩，称石英辉绿岩或拉斑辉绿岩；含沸石、正长石、霓辉石或霓石的，称碱性辉绿岩。易变辉石和紫苏辉石可以出现于石英辉绿岩中，橄榄石则可出现于碱性辉绿岩中。辉绿岩的次生变化常为钠长石化、绿泥石化、绿帘石化、黏土化和碳酸盐化。

辉绿岩常呈岩床、岩墙、岩脉和岩席产出，也呈岩颈或岩株充填于玄武岩火山口中，辉绿岩的产状是区别于辉长岩和玄武岩的主要标志。大规模的辉绿岩侵入体，如众多的辉绿岩岩床或厚 300 ～ 400 米的辉绿岩板状地质体，往往出现于上覆盖层为中等厚度（2000 ～ 3000 米）的条件下，其成因是岩浆易于顺层或沿裂隙贯入。颜色翠绿、墨绿的辉绿岩是良好的装饰石材，辉绿岩还是制造铸石和岩棉的主要原料。

辉长岩

辉长岩是暗色的基性深成侵入岩。1768 年，T. 托泽蒂用英文 gabbro 一词称呼异剥石质蛇纹石及一部分现在命名的辉长岩。辉长岩主要组成矿物为辉石（普通辉石、透辉石、紫苏辉石等）和富钙斜长石，两者含量近于相等。次要组成矿物为橄榄石、角闪石、黑云母、石英、正长石和铁的氧化物等。辉长岩的化学成分与玄武岩类同。按浅色矿物斜长石和深色矿物辉石、橄榄石三者的相对百分含量，辉长岩分为浅色辉长岩（色率 10 ～ 35）、辉长岩（色率 35 ～ 60）和深色辉长岩（色率 65 ～ 90）。按次要矿物的种属可进一步命名为橄榄辉长岩、角闪辉长岩、正长石辉长岩、石英辉长岩和铁辉长岩（富含钛铁矿、磁铁矿）。

辉长岩具辉长结构、次辉绿结构、反应边结构和出溶结构。辉长岩通常为块状构造，部分具层状构造，其构造反映了岩浆分离结晶过程中矿物

辉长岩标本

成分或粒度的韵律性变化，层状辉长岩多见于层状基性杂岩及蛇绿岩套堆积杂岩中。辉长岩产于各种构造环境，常构成大小不等的岩盆、岩盖、岩床状侵入体，与成分相近的浅成辉绿岩岩墙、岩床紧密伴生。

与辉长岩有关的矿产主要有铜、镍、钒、钛、铁等。月球上的辉长岩贫碱，含富钙斜长石（An80～90）和钛铁矿（10%～18%）以及少量外来矿物，如陨硫铁、金属铁等。因此，月球上的辉长石以贫二氧化硅，富氧化钙、氧化钛、氧化亚铁为特征，在贫水及二氧化碳的环境中形成，缺失热液蚀变。辉长岩是良好的建筑材料。

碱性辉长岩

碱性辉长岩是含正长石、似长石的辉长岩的总称。基本矿物组分是基性斜长石、正长石、单斜辉石和似长石。普通辉石通常为棕色、淡紫色等多色性较强的高钛辉石变种，还出现副矿物如棕色的高钛角闪石等。除可能含有橄榄石之外，还会有少量似长石（霞石或方沸石），由此表明其来自硅不饱和岩浆的结晶，有时也出现少量角闪石及黑云母。碱性辉长岩与辉长岩最大的区别是，碱性辉长岩中不出现低钙辉石（顽火辉石或易变辉石），而辉长岩中出现低钙辉石。辉长岩中辉石斑晶缓慢结

晶时，通常出现细小的晶内出溶片理及叶理，而碱性辉长岩中普通辉石由于无低钙辉石成分，通常无出溶现象。与辉长岩相比，碱性辉长岩在化学成分上富碱，氧化钾（K_2O）+氧化钠（Na_2O）的含量均大于5%，甚至可达9%，大部分碱性辉长岩的 Na_2O 含量多于 K_2O，二氧化硅、氧化镁的含量较辉长岩低。

碱性辉长岩类可分为：①碱性辉长岩。由基性斜长石、碱性辉石和正长石组成，可含霓石、棕闪石、黑云母、橄榄石，斜长石多于碱性长石，霞石含量可多可少。当霞石含量很少、正长石含量增加时，可过渡为正长辉长岩。碱性辉长岩的浅成相称碱性辉绿岩。②霞斜岩。又称企猎岩。主要由含钛普通辉石、基性斜长石和霞石组成，碱性长石含量很少或无，有少量黑云母和橄榄石。暗色矿物约占50%，霞石含量一般较少（10% ～ 15%）。结构特点是辉石比碱性长石显著自形，常常见自形辉石被包在较大的碱性长石中，形成嵌晶结构。

玄武岩

玄武岩是基性火山岩，是地球洋壳和月球月海的最主要组成物质，也是地球陆壳和月球月陆的重要组成物质。1546年，德国矿物学家G.阿格里科拉首次在地质文献中，用basalt一词描述德国萨克森的黑色岩石。汉语中玄武岩一词引自日文。日本在兵库县玄武洞发现黑色橄榄玄武岩，故得名。

◆ 矿物组成

玄武岩的主要组成矿物是富钙单斜辉石和基性斜长石；次要矿物和

副矿物有橄榄石、斜方辉石、易变辉石、铁钛氧化物、碱性长石、石英或副长石、沸石、角闪石、云母、磷灰石、锆石、铁尖晶石、硫化物和石墨等。根据化学成分，玄武岩可分为亚碱性玄武岩和碱性玄武岩两个系列。亚碱性玄武岩又可进一步分为钙碱性玄武岩和拉斑玄武岩。玄武岩二氧化硅（SiO_2）含量基本为 45% ～ 53%，多数氧化钠含量（Na_2O）高于氧化钾（K_2O）；少部分碱性系列的玄武岩 SiO_2 含量偏低，少数低至 42% 左右。K_2O+Na_2O 和二氧化钛（TiO_2）的含量在两个系列中有较明显差别：亚碱性系列玄武岩 K_2O+Na_2O 含量一般在 4% 左右，碱性系列玄武岩一般大于 5%；TiO_2 含量在亚碱性系列中多小于 2%，而碱性系列中多数大于 2%。上述两类玄武岩的进一步命名，一般以特征矿物为依据。其中，重要的种属是粗面玄武岩（碱性长石含量超过长石总量 10%）、碧玄岩（副长石或沸石含量较高，并含橄榄石）、碱玄岩（不含橄榄石，其他同碧玄岩）、霞石岩及白榴岩（副长石为主要浅色矿物，不含或很少斜长石）、更长玄武岩（又名橄榄粗安岩，一种富含更长石的碱性玄武岩）、中长玄武岩（又名夏威夷岩，一种含中长石的碱性玄武岩）、细碧岩（含钠长石或更长石的海相拉斑玄武岩）、苦橄玄武岩（富含自形橄榄石的拉斑玄武岩）、高铝玄武岩（氧化铝含量大于 16.5%、矿物组成介于橄榄玄武岩和碱性玄武岩之间的造山带暗色岩石，已不常采用）。

◆ 结构构造

玄武岩多为斑状结构，部分为无斑微晶隐晶质结构。基质多为微晶隐晶质结构，具体有粗玄结构、间隐结构、间粒结构、交织结构、玻璃

质结构、玻基交织结构等。玄武岩的构造常见块状构造、气孔构造、杏
仁构造，有些玄武岩可有绳状构造、渣状构造、柱状节理构造等。一些
水下喷发的玄武岩还常有枕状构造。次生变化常有绿泥石化、绿帘石化、
泥化、绢云母化、碳酸盐化等。橄榄石还常有伊丁石化。

◆　成因与分布

　　玄武岩形成的时代较宽，几乎各个地质时期都有，是一种分布最广
泛的火山喷出熔岩，有些地方覆盖面积数以万计平方千米。世界上玄武
岩分布最广泛的地区有西伯利亚、印度、南非、阿根廷、巴西、乌拉圭、
美国、冰岛、苏格兰等地。此外，月球玄武岩是构成月球的主要岩石之
一。玄武岩是由地幔岩局部熔融形成的原生玄武岩浆，在适当的构造地
质因素影响下，喷出地表直接冷却固结形成的。但是不同种类的玄武岩
浆形成的具体条件不完全相
同。主要产状为大规模的熔
岩流、熔岩被，有时也有火
山碎屑物喷出形成火山锥
体。此外也可见到以岩床、
岩墙和岩脉产状产出的。

◆　应用

　　玄武岩与矿产的关系非

玄武岩柱状节理（广东湛江）

常密切，常见的是铜矿、铁矿，主要与细碧岩有关的黄铁矿型铜矿。玄
武岩气孔中常有方解石和硅质充填，有时可形成很好的冰洲石和玛瑙矿
床。有的玄武岩有地幔岩包体，包体中常有橄榄石、蓝刚玉、红色锆石、

石榴子石大晶体，可成为宝石原料。玄武岩还是铸石和岩棉的主要原料。铸石是很好的绝缘和耐磨耐压材料，岩棉是很好的保温和隔音材料。玄武岩经过化学风化，最后可形成铝土矿。

碱玄岩

碱玄岩是标准矿物霞石含量大于 5%，橄榄石含量小于 5%，无紫苏辉石，二氧化硅明显不饱和，碱含量很高的玄武质岩石。属于碱性岩。岩石名称源自希腊语 tephra，意为灰色。由基性斜长石、单斜辉石和似长石组成，可含少量橄榄石。单斜辉石主要为含钛辉石，似长石以霞石、白榴石为主。据似长石种类不同，分别命名为霞石碱玄岩、白榴碱玄岩等。

碧玄岩

碧玄岩是标准矿物霞石大于 5%，橄榄石大于 5%，二氧化硅明显不饱和，碱含量较高，富含似长石的碱性玄武岩。属于碱性岩。岩石名称源于希腊语 basanos，意为试金石。主要矿物是基性斜长石、橄榄石、单斜辉石和似长石。与碱玄岩不同的是，碧玄岩中的橄榄石含量高，最高可达 25%。斑晶为橄榄石和辉石，似长石主要存在于基质中。根据似长石种类的不同，分为霞石碧玄岩及白榴碧玄岩等。

粗玄岩

粗玄岩是矿物成分与拉斑玄武岩相似，但结晶程度较好的玄武岩，又称粒玄岩。粗玄岩是按结构命名的玄武岩。基质具粗玄结构，肉眼可以分辨出颗粒。粒玄岩的二氧化硅含量小于 55%，石英含量小于 10%。富含钙斜长石和辉石（普通辉石），含有少量石英，有时含磁铁矿石和橄榄石。其与微晶辉长岩的区别，在于粗玄岩具有次辉绿结构或辉绿结构；其与辉绿岩的区别，是粗玄岩具喷出产状，而辉绿岩为侵入岩。粒玄岩多以岩脉和岩床产于玄武岩区，还以数以百计的岩脉或岩床与巨大侵入体伴生。

碱性岩

碱性岩是含钾、钠较高的火成岩。广义的碱性岩可通过计算钾、钠含量对硅含量的比值来确定。计算方法有多种，常用里特曼指数"δ"值（又称组合指数）法。不论哪类火成岩，只要 δ 值大于 3.3 即可定为碱性岩。通常所说碱性岩均指狭义的碱性岩，其代表性岩石为霞石正长岩、响岩类火成岩。化学成分上，狭义碱性岩是二氧化硅不饱和的中性岩，氧化钾与氧化钠含量之和高，一般大于 10%，有的可达 18%。

在矿物成分上以出现碱性辉石、碱性角闪石和似长石为特征。长石以碱性长石（钾长石和钠长石）为主，不含石英，黑云母为富铁的黑云母。副矿物较复杂，常见的有锆石、磷灰石、榍石、萤石、方解石、尖晶石、磁铁矿、铬铁矿以及一些含稀有稀土元素的矿物，如独居石、褐帘石、黑榴石、钙铈磷矿、硅铈矿、异性石、星叶石、铌铁矿等。

岩石结构多为半自形粒状结构、嵌晶结构、似粗面结构、粗面结构和隐晶质结构。构造多为块状构造、条带状构造、斑杂构造等。常见的岩石种属有霞石正长岩、霓霞岩、霞石岩、黄长岩、响岩、白榴岩等。

岩石的次生变化常有泥化、沸石化、绢云母化、绿泥石化、碳酸盐化等。

碱性岩分布少，规模小，产状多为小岩株、岩床、岩盖、岩脉、小岩流、岩钟等。主要分布于地质构造稳定区的边部、隆起带或裂谷带中。前寒武纪至新生代均有碱性岩形成。总的规律是古生代前以碱性侵入体为主，而中新生代以后以喷出岩居多。

与碱性岩有关的矿产主要为稀有和稀土元素矿床，不仅类型多，且十分丰富。中国先在山西临县紫金山发现碱性岩，后又在云南、四川、河南、辽宁、江苏、安徽、黑龙江、西藏等地发现这类岩石。

响 岩

响岩是成分相当于霞石正长岩的火山岩。因最初人们敲击这种具板状节理的岩石发出较大的响声而得名。一般为浅灰色、灰白色或灰褐色。具斑状结构或无斑隐晶质结构，基质为微粒结构、似粗面结构。块状构造，少数见气孔构造。

白榴石响岩标本

主要矿物为碱性长石、似长石和碱性暗色矿物，也可有非碱性暗色矿物。碱性长石以透长石为主，其次为歪长石、正长石、条纹长石、钠长石，斜长石多为高温种属，少见。似长石常见霞石、白榴石、方钠石、方沸石、黝方石、蓝方石等。碱性暗色矿物含量一般为10% ～ 15%。碱性长石、似长石和碱性暗色矿物可形成斑晶和基质。副矿物常见榍石，其次有磷灰石、锆石、钛磁铁矿等。

根据似长石的种类和含量不同，依据通常遇见程度，响岩分为霞石响岩、白榴石响岩、黝方石响岩、方钠石响岩、蓝方石响岩和方沸石响岩。常见的响岩次生变化是沸石化，其次是绢云母化、泥化和碳酸盐化。响岩出露规模小，多呈小岩流、小岩钟产出。中国发现的响岩不多，只在江苏铜井娘娘山、山西临县紫金山、辽宁顾家、西藏巴毛穷宗有分布。

霞石岩

霞石岩是碱性喷出岩，属于浅成岩。与霓霞岩在化学成分和矿物成分上相当。具斑状结构，多孔状构造。主要组成矿物是霞石，辉石次之，几乎完全不含长石。橄榄霞石岩为含橄榄石的霞石岩，副矿物主要为榍石和黑榴石，为铬铁矿、铬尖晶石。霞石岩在地表分布极少，经常以小岩体特别是环状中心侵入体产出，并常与中性过碱性岩石（霞石正长岩）和基性碱性岩石密切共生。在同一岩体内，岩石的主要矿物含量和结构构造在较小范围内变化很大。

具斑状结构的霞石岩标本

霞斜岩

霞斜岩（theralite）是碱性辉长岩类岩石。名称源自希腊语 therao，意为急于寻找。深灰色至黑色。深色矿物含量约为50%，主要为钛辉石，也可有少量角闪石、黑云母或橄榄石；浅色矿物为拉长石（占35%～40%）及较少的霞石（占10%～15%），霞石本身可以被次生的沸石大量替代。霞斜岩与不同类型的辉长岩、橄榄岩以及斜长岩共生，除霞石和拉长石外，其他矿物一般都具有发育完好的晶体。因霞斜岩比较少见，且主要以岩墙、岩床和岩盖等小侵入体产出，由此推断其是由富碱质和可能的镁铁质矿物岩浆（液态岩石）的分异作用所形成。

霞石正长岩

霞石正长岩是碱性的长石质深成岩。以含氧化钠和氧化钾之和高为特点，平均含量为13.8%。二氧化硅含量平均约55%，氧化钙为2.31%。岩石颜色较浅，为浅灰、浅灰红、浅灰绿色。

主要矿物为各种碱性长石（正长石、歪长石、微斜长石和条纹长石）和似长石（以霞石为主，其次有方钠石、方沸石、黝方石等）。次要矿物为碱性辉石、碱性角闪石和富铁黑云母。副矿物有锆石、磷灰石、榍石、黑榴石、异性石和磁铁矿等。

常见结构有半自形粒状结构、嵌晶结构和似粗面结构。常见构造有块状、条带状、斑杂状和似片麻状等多种。霞石正长岩通常是含义较广泛的名称，包括了多个种属，常见的有云霞正长岩、流霞正长岩、霓霞正长岩、异性霞石正长岩、暗霞正长岩等。霞石正长岩较易发生次生变化，如泥化、绢云母化、沸石化、硅化。霞石正长岩有时容易被误认为花岗岩或正长岩，但其以不含石英与花岗岩相区别，又以含较多的似长石（＞5%）而与正长岩不同。

霞石正长岩规模较小，常呈小岩株、岩床、岩盖、岩脉产出，很少成独立岩体，多与碱性正长岩或碱性辉长岩共生形成杂岩体。中国首先在山西临县紫金山发现霞石正长岩体，此后在云南、四川、河南、辽宁等地又陆

霞石正长岩标本

续发现这类岩石。与霞石正长岩有关的矿产主要是稀有和稀土元素矿床，不仅类型多，而且资源十分丰富。

霓霞岩

霓霞岩是碱性侵入岩的总称，属于霓霞岩－霞石岩类，是过碱性的超基性岩。岩石中二氧化硅含量小于45%；氧化钾＋氧化钠含量为5%～10%，极度过饱和；组合指数大于9。霓霞岩中常见矿物有霞石和碱性暗色矿物，碱性暗色矿物主要为碱性辉石（霓辉石、霓石、钛辉石）、碱性角闪石和富铁黑云母。常见副矿物有钛铁矿、榍石、磷灰石、黑榴石和方解石。岩石以半自形粒状结构为主，可呈块状构造、条带状构造、流动构造或似层状构造。根据霞石与碱性辉石的相对含量可进一步分为磷霞岩、霓霞岩、霞霓钛辉岩和钛铁霞辉岩。当有些过碱性超基性岩的似长石矿物不是霞石，而是白榴石、方钠石或黄长石等岩石时，

可根据似长石矿物和暗色矿物的种类定名，如白榴石橄辉岩、方钠霓辉岩和黄长石岩等。

磷霞岩

磷霞岩是碱性侵入岩，霓霞岩的一种。磷霞石主要由霞石（90%～70%）和碱性辉石（10%～30%）组成，还含少量磁铁矿、钛铁矿和磷灰石等。磷霞岩常与霓霞岩、霞霓钠辉岩、超镁铁质岩、碳酸岩等组成超基性碱性碳酸岩的杂岩

磷霞岩标本

体，呈筒状产出。岩体中各种岩石常成环带状。主要分布在稳定地区的断裂带中。与其有关的矿产为铌、稀土元素、锆、铁、钛、磷和霞石等。

流纹岩

流纹岩是富含长石、石英的酸性喷出岩。成分与深成花岗岩相当。因常发育流纹构造而得名。一般为灰色、灰白、灰黄、灰红色。其化学成分以富二氧化硅（SiO_2）为特点，是各类火成喷出岩中含 SiO_2 最高的，平均含量为 72.82%。

根据流纹岩的成分特点，可分为钙碱性系列和碱性系列两个类型，其化学成分和矿物成分有所不同。①钙碱性系列流纹岩以富钙而贫碱为特征。氧化钙（CaO）> 1%，氧化钾（K_2O）＋氧化钠（Na_2O）< 8%，K_2O > Na_2O。主要矿物为钾长石、酸性斜长石和石英，少量黑云母，

偶见辉石，岩石具斑状结构或无斑隐晶质结构。长石和石英常成为斑晶，且常有熔蚀现象。年代较新的流纹岩中长石、石英斑晶多为高温种属，如透长石、β-石英。基质中可能还有鳞石英和方石英。这些高温矿物往往不稳定，容易转变为低温种属。副矿物常为磁铁矿、磷灰石。岩石基质多为霏细结构、球粒结构和半晶质-玻璃质结构。岩石除具流纹构造外，多为块状构造，还有珍珠构造、气孔构造、石泡构造等。1982年，中国四川发现一种流纹岩新种属——富钡流纹岩，斑晶为钡冰长石和石英，基质由钡冰长石、石英微晶和绢云母组成。②碱性系列流纹岩以贫钙富碱为特征。$CaO < 1\%$，$K_2O+Na_2O > 8\%$，Na_2O含量常大于K_2O。岩石也呈斑状结构或无斑隐晶质结构。斑晶常为钠透长石、钠长石、歪长石，石英很少或无，可见透辉石、普通辉石或碱性暗色矿物，如霓辉石、霓石、钠闪石、钠钙闪石等。其基质结构和钙碱性流纹岩相同，此外，还可有粗面结构、粗面-霏细结构。

流纹岩的次生变化常有硅化、泥化、绢云母化等。产状常为岩钟、岩丘和小规模的岩流。中国的流纹岩主要分布在东部地

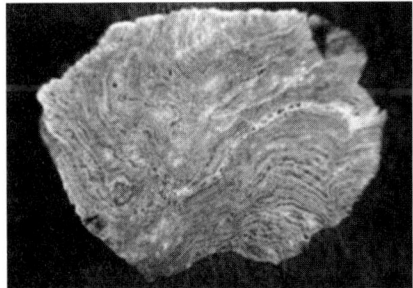

流纹岩标本

区，尤以东南沿海一带更为多见。与流纹岩有关的矿产有金、银、铜、铅、锌和铀；非金属矿有沸石、蒙脱石、高岭石、叶蜡石、明矾石、萤石等。

英安岩

英安岩是成分介于安山岩和石英流纹岩之间，相当于花岗闪长岩和石英闪长岩成分的隐晶质火成岩。颜色为灰色、浅红色或浅绿色，主要由斜长石（更长石或中长石）、石英和碱性长石组成，含少量铁镁矿物（黑云母、角闪石或辉石）。其中，石英含量一般小于20%，碱性长石含量显著低于斜长石。英安岩的结构和化学性质介于流纹岩和安山岩之间，且随成分中石英和碱性长石的增加或减少，可过渡为流纹岩或安山岩。

英安岩标本

黑曜岩

黑曜岩是玻璃质酸性火山岩。二氧化硅含量大于66%，一般为70%以上。多为黑色、黑褐色，玻璃质结构，部分可见强熔结凝灰结构，致密块状构造。有明显的玻璃光泽，断口平整光滑或呈贝壳状，主要由玻璃质组成，可有少量的斑晶或雏晶，性脆易碎。有的可见石泡构造，可含2%的水。黑曜岩有一些独特的物理性能，如容重小、易破碎、导热系数低、绝缘性好、耐火度高、吸音性好、吸湿性小、抗冻耐酸、膨胀性好等。广泛应用于建筑、冶金、石油、化工、电力、农

黑曜岩标本

田改良、铸造等方面。工业上使用的技术指标要求和珍珠岩相同。黑曜岩多与其他酸性火山岩共生，其分布地区多和珍珠岩一致。

松脂岩

　　松脂岩是玻璃质酸性喷出岩。成分和流纹岩相当，二氧化硅含量多在 70% 以上，但含水量较高，一般大于 6% 为其特征。岩石颜色多样，常见有灰、灰黑、黑色、浅绿、红褐、黄白等色，有的颜色均匀，有的呈条带状。岩石有较好的油脂光泽和松脂光泽，断口光滑平整或呈贝壳状；主要由玻璃质组成，可有少量的长石斑晶或针状雏晶。玻璃质结构，有的有球粒结构。松脂岩的物

松脂岩标本

理性质及工业使用要求与珍珠岩相同。由于松脂岩含水较多，其膨胀性一般比黑曜岩、珍珠岩好。松脂岩多与珍珠岩、黑曜岩共生，其分布也基本相同。

珍珠岩

　　珍珠岩是酸性火山岩。化学成分和流纹岩相当，二氧化硅含量大于66%，含水较高，一般含水量为 2% ～ 6%。岩石颜色多样，常见有黄白、灰白、灰、灰黄、灰绿、黄绿、肉红、灰褐和灰黑等。结晶程度很差，几乎全部由玻璃质组成，可含少量晶体或细小雏晶。玻璃质中有大量的

弧形裂纹，因而形成似豆粒状的珠球，称珍珠构造，故名珍珠岩，也有人称为球珠岩。珠球可成层出现，也可孤立散布在玻璃质中。岩石断面光滑，或呈贝壳状，有清晰的玻璃光泽，性脆，易破裂，具有耐火性和在瞬间高温条件下发生膨胀的性能，耐火度高达 1300～1380℃，膨胀系数可达 7～30 倍以上。膨胀性能越高，质量越好。珍珠岩还有容重小、导热系数低、耐火度好、吸音性好、吸湿性小、抗冻、耐酸、绝缘性好等许多优异性能，广泛应用于建筑、冶金、石油、化工、电力、炉窑、冷热管道、保温设备、农业上的保肥和土壤改良剂等诸多方面。

一般在工业上要求珍珠岩的膨胀系数应大于 7。根据质量要求一般把珍珠岩及其原料分为三级：一级为优质品，可作为超轻质材料；二级为中等品质，可作为轻质骨料；三级属下等质量，可作为混凝土骨料。从感观上可根据珍珠岩的颜色、光泽、断口特征等物性判断其质量的好坏。如岩石质地纯正、杂质少，有较强的玻璃光泽或油脂光泽，贝壳状断口发育，性脆易碎成片状，碎片边缘尖锐透明或半透明，这样的珍珠岩工业质量较好。岩石颜色较浅的一般膨胀性能较好，颜色较深的一般膨胀性能较差。全玻璃质的珍珠岩膨胀性能好，隐晶质、雏晶或斑晶含量越多膨胀性能越差。有明显流纹构造和含角砾的珍珠岩，膨胀性能较差。另外，含水多的珍珠岩膨胀性能好，含水少又富含铁质的膨胀性能差。形成时代主要为中生代时期。中国珍珠岩资源丰富，分布遍及全国各地，比较集中产出的地区有内蒙古、黑龙江、辽宁、河北、河南、山东、浙江等地。

酸性岩

酸性岩是火成岩的一个大类。二氧化硅含量大于 66%，富长石和石英。色率一般小于 15，呈浅色。代表性岩石是英安岩和花岗闪长岩、流纹岩和花岗岩。霏细岩是隐晶质无斑或少斑的流纹岩。黑曜岩、松脂岩和珍珠岩是一些含不等量水、成分与流纹岩相仿的玻璃质酸性火山岩。花岗岩和花岗闪长岩又合称花岗质岩石或花岗岩类岩石（有时还扩大包括石英闪长岩）。紫苏花岗岩因含紫苏辉石而得名，但它是一组与高级变质作用有关的侵入岩或变质岩系列。环斑花岗岩因具特征的长石环斑结构而得名，可以由岩浆结晶形成，也可以是变质成因。地壳上分布最广泛的花岗岩的成因，多种多样。因此，作为上部陆壳主要组成的酸性岩，特别是其中的花岗岩，是人们认识大陆地壳形成的重要窗口。各种花岗岩类岩石常包裹数量不等的岩石包体。与其寄主的花岗岩相比，包体的粒度较小、颜色较深、铁镁矿物含量较高。这些包体可以是捕虏体、同源包体、残留体、残影体或因岩浆混合作用而形成的淬冷包体。因此，包体的类型和组合是识别花岗岩类成因和深部地壳组成的重要依据之一。与酸性岩有关的最重要矿产是钨、锡、铍、铜、铅、锌、铁、金、铌、钽、稀土以及沸石、叶蜡石、明矾石、萤石等。是良好的建筑石材和装饰石材。

花岗岩

花岗岩是浅色的显晶质酸性深成岩。花岗岩中的矿物以长石、石英浅色矿物为主,总量一般超过80%。肉红色至浅灰色。相应的喷出岩是流纹岩。granite 一词于 1596 年首次提出,用以形容一种粒状的岩石。

◆ **矿物成分**

石英为花岗岩的主要矿物,其含量为 20% ~ 50%。长石以钾长石为主,斜长石为次,长石总量一般为 60% ~ 70%。暗色矿物主要为黑云母,有时伴有白云母、普通角闪石或(和)辉石。色率一般低于 10。副矿物含量通常小于 1%,偶尔高达 3%,常见的有磁铁矿、钛铁矿、锆石、磷灰石和榍石等。

◆ **种属**

在花岗岩中首先根据碱性暗色矿物的有无划分出两个种属:不含碱性暗色矿物的称钙碱性花岗岩;含碱性暗色矿物(如钠闪石、钠铁闪石和霓辉石等)的则称碱性花岗岩。钙碱性花岗岩又可按钾长石与斜长石比值细分为碱性长石花岗岩、正常花岗岩、花岗闪长岩和斜长花岗岩。另外,一些花岗岩因为具有明确的成因意义而划分出特殊种属,如紫苏花岗岩和环斑花岗岩。

花岗岩标本

◆ **化学成分**

花岗岩是二氧化硅(SiO_2)过饱和的岩石。SiO_2 含量大于 66%,并以下列氧化物的分子数关系表示其化学特征:①三氧化二铝(Al_2O_3)含量大于氧化钠(Na_2O)与氧化钾(K_2O)的含量之和,而且 Al_2O_3 含

量小于 Na_2O、K_2O 和氧化钙（CaO）三者含量之和的，称准铝质。大多数花岗闪长岩和英云闪长岩属准铝质花岗岩，常含角闪石或辉石。② Al_2O_3 含量大于 Na_2O、K_2O 和 CaO 三者含量之和的，称过铝质，黑云母花岗岩往往属于此类。除含黑云母外，有时兼含少量（不足 5%）的白云母、堇青石、红柱石、石榴子石等高铝质矿物。③ Al_2O_3 含量小于 Na_2O 与 K_2O 含量之和的，为过碱质，称碱性花岗岩，含一定量的碱性暗色矿物。

◆ **结构构造**

常呈半自形等粒结构，其中暗色矿物具有较完整的晶形，长石常具部分的晶形，但斜长石形态一般较钾长石完整，石英一般为他形。按平均粒径可有细粒、中粒和粗粒之分。花岗岩有时也具有特征的文象结构，表现为钾长石和石英的规律连生，石英在钾长石中呈定向排列，犹如象形文字。花岗岩有时呈斑状结构，斑晶主要为长石和石英，称斑状花岗岩。在花岗岩中，可以存在各种岩石包体。按成因大致可分 3 种类型：①捕虏体。为不规则的围岩碎块，富集于岩体边部。它们与岩浆发生不同程度的化学反应，是岩浆侵入作用的重要标志。②析离体。由岩浆早期结晶的矿物凝聚而成，一般色率较高，但粒径与周围岩石无明显差别。③残留体和残影体。残留体是早期岩石受到交代作用逐渐被改造为花岗质岩石时，由于改造不彻底而在岩体内留下了早期岩石的残迹，隐约可见原有岩石的层理和片理。如果残留体在岩石中只留形迹，则称残影体。此外，有些花岗岩，特别是碱性花岗岩和碱长花岗岩，常可见晶洞构造。晶洞的洞壁内有石英、电气石、绿柱石等晶簇生长，洞体大小不均，一般为几毫米，有时达数十厘米。由于花岗岩浆冷却结晶过程中的收缩作用，在岩体内部可发育原生节理，即纵节理、横节理和水平节理等。在自然营力的长期作用下，由于某些岩块的崩落，常造成陡峭的峰峦。

◆ 分布

花岗岩类是构成大陆地壳的主要岩石类型之一，广泛分布于不同时代的褶皱带和前寒武纪地盾区。中国花岗岩类的分布广泛，尤其在中国东南和东北诸省，分布更为集中。中国东南部花岗岩出露面积达 20 余万平方千米，约相当于该区总面积的 1/5。

◆ 产状

花岗岩常见的产状有花岗岩穹隆、岩基、岩株、岩盖和岩墙等。多分布于大陆地壳的上层。按岩体形成的深度不同可分浅带岩体、中带岩体和深带岩体。浅带岩体与围岩呈明显交切关系，有时与同源的火山岩共生，甚至直接发育于破火山口内，称为次火山花岗岩。中国东部沿海有些燕山期花岗岩属于此类。中带岩体多数呈大岩基，一般为复式的，往往在复背斜轴部或穹隆构造的中心侵位。深带岩体常表现为同造山型，围岩一般是角闪岩相至麻粒岩相的变质岩，常与各种类型混合岩伴生。

◆ 成因

花岗岩是多种成因的。按形成方式有两种基本形式：岩浆侵入和花岗岩化。①侵入花岗岩的岩浆来源有两种途径：结晶分异和部分熔融。结晶分异作用理论认为，花岗质岩浆可以由玄武质岩浆结晶分异而形成。根据结晶分异实验，从玄武质岩浆中分离出的花岗质岩浆的数量只约 5%。这表明由玄武质岩浆结晶分异而产生的花岗岩的可能性是存在的，但其分布极为有限。这种成因的花岗岩类往往与各个地质时期形成的基性火山岩或蛇绿岩套共生，岩性上大都是英云闪长岩或花岗闪长岩。1958 年，美国岩石学家 O.F. 塔特尔成功地完成了钠长石－钾长石－硅酸－水四元系在高温高压下的部分熔融实验，发现在不同水分压下，在液相面上相应地都有一低共熔点；以 $2×10^8$ 帕水分压为例，低共结点温度为 670℃，共熔混合物的成分是 35% 石英、40% 钠长石和 25% 钾长石；这与普通花岗岩的成分很相似。塔特尔实验表明：当地温梯度为 30℃ 每千米小时，在地表以下约 20 千米深度，温度可达约 630℃，水分压力可达 $4×10^8$ 帕。在具备了这些条件的地壳深处，固态的陆壳物质开始发生部分熔融，出熔的部分便相当于花岗质岩浆。为了证实低熔组分与天然花岗岩成分的一致性，塔特尔等将酸性岩的化学成分作了三组分投影，发现投影点极密区与低共结点相接近。由此证明了许多花岗岩是岩浆成因的。②自然界也存在非岩浆成因的交代花岗岩。不仅在前寒武纪地盾区，而且在不同时代的褶皱带中均可发生花岗岩化作用，形成交代成因的花岗岩。

　　20 世纪 70 年代，许多学者开始致力于花岗岩起源物质的研究。通过锶、钕、氧、硫、铅等同位素组成的测定，发现花岗岩的许多特征与其起源物质的特性有内在联系。澳大利亚学者 B.W. 查普尔等 1974 年提出，把花岗岩按成因划分为两种：I 型和 S 型。I 型花岗岩由未经地表风化的火成岩源岩部分熔融形成，通常是准铝质的；S 型花岗岩由沉积岩源岩经部分熔融产生，通常是过铝质的。1984 年，中国学者徐克勤等针对中国东南部花岗岩类的岩石学、地球化学、同位素的特征，按花岗岩起源物质，将花岗岩划分为幔源型、同熔型和陆壳改造型 3 种成因类型。1985 年中国岩石学家吴利仁等根据岩浆生成的物质来源，将花岗岩（和相应火山岩）划分为幔源型、幔壳（陆壳）混源型和壳源型。

◆ **矿产和用途**

与花岗岩直接或间接有关的矿产主要有钨、锡、铍、铌、钽、铀、金、铜、钼、铅、锌等。主要分布于环太平洋成矿带内，包括美洲西部和亚洲东部。中国东南地区尤以钨、锡、铍、铀等工业矿床为著名，主要与燕山期花岗岩有关，并往往表现出成矿元素的富集与岩体成分有一定的相关性：铁、铜矿床主要与弱酸性的闪长岩有关；钨、锡、铍、铌、钽、铀主要与普通花岗岩有关。花岗岩由于暗色矿物含量低、不易形成锈斑，容易加工而又美观坚固，是建筑物的理想石料。

紫苏花岗岩

紫苏花岗岩是与高级变质作用有成因联系，早前寒武纪含紫苏辉石的中酸性侵入岩或变质岩，由紫苏辉石、石英、斜长石和碱性长石组成。当其中斜长石含量超过碱性长石时，称为紫苏花岗闪长岩；反之，为狭义的紫苏花岗岩。

紫苏花岗岩标本

常呈粗粒块状或片麻状构造，花岗结构，相对密度 2.67 左右，颜色较深。石英呈烟灰至浅蓝色，其中可含极细小金红石、富锆矿物或有众多裂隙和二氧化碳包裹体；斜长石为更长石或中长石，常见钠长石律双晶和反条纹构造；碱性长石为正长石或微斜长石，往往呈现条纹构造（条纹相的成分常为更、中长石）；普遍含多色性显著的紫苏辉石；石榴子石是紫苏花岗岩的特征矿物；紫苏花岗岩有时含少量单斜辉石、普通角闪石和黑云母。全岩的二氧化硅含量（重量百分比）一般为 70% 左右，氧化钾（K_2O）含量大于氧化钠含量，K_2O 为 3%～7%，稀土元素总量、轻重稀土比和铕异常变化大。

形成于高温（> 700℃）、高压（深度超过 15 千米）麻粒岩相变质岩区，是高级区域变质成因的火成岩或与麻粒岩互层的变质岩。出露于经过深度侵蚀的前寒武纪基底杂岩中，常与麻粒岩共生，有时与斜长岩共生。

二长花岗岩

二长花岗岩是钾长石和斜长石含量近乎相等的花岗岩，是花岗岩中常见的种属之一。二长花岗岩呈浅肉红色，主要由斜长石、钾长石、石英和少量角闪石、黑云母组成，副矿物包括锆石、榍石、磁铁矿等。二长花岗岩通常呈现典型的花岗结构、块状构造。根据暗色矿物的种类，也可进一步分出黑云母二长花岗岩、角闪石二长花岗岩等。

斜长花岗岩

斜长花岗岩是不含或含很少量碱性长石的花岗岩。由石英（含量 20%～40%）、斜长石（更中长石至中长石）及一些深色矿物组成，铁镁矿物含量小于 10%。斜长花岗岩一词，由苏联岩石学家于 1931 年最早使用。斜长花岗岩是一些含钾较低的火成岩，即由更长石或中长石、石英及少于 10% 的黑云母和普通角闪石组成的深成岩，包括从英云闪长岩到更长花岗岩的一类岩石。因斜长花岗岩常由蛇绿岩组合中的少量组分产出，主要发育于洋壳中，故多称其为大洋斜长花岗岩。当斜长花岗岩中铁镁矿物含量超过 10% 时，称为英云闪长岩；当斜长花岗岩中斜长石主要为更长石时，称为更长（奥长）花岗岩。更长花岗岩、英云闪长岩和花岗闪长岩常构成具有密切成因联系的花岗岩组合，这种组合称被为 TTG 岩石组合。

白岗岩

白岗岩标本

白岗岩是花岗岩类岩石的变种。白岗岩的主要组成矿物为石英、碱性长石与斜长石，有时含少量云母，不含其他暗色矿物。二氧化硅含量为 75% 左右。具花岗结构，块状构造。白岗岩是制造玻璃与陶瓷的原料，在陶瓷生产中主要用于坯体制造。

中性岩

中性岩是长石含量显著高于其他矿物的火成岩。二氧化硅含量为 52% ～ 65%（质量分数），色率一般为 20 ～ 35，呈中色 – 浅色。

◆ **分类**

根据岩石中氧化钾（K_2O）和氧化钠（Na_2O）的含量之和，中性岩可分为 3 个系列：①钙碱性系列。K_2O+Na_2O 平均含量约为 5.5%。钙碱性深成侵入岩为闪长岩、石英闪长岩；浅成侵入岩为闪长玢岩、石英闪长玢岩；喷出岩为安山岩。②钙碱 – 碱性系列。K_2O+Na_2O 平均含量约为 9%。钙碱 – 碱性深成侵入岩为正长岩、二长岩、石英正长岩、石英二长岩；浅成侵入岩为正长斑岩、石英正长斑岩；喷出岩为粗面岩、角斑岩（海相喷发）。③过碱性系列。K_2O+Na_2O 平均含量约为 14%。过碱性深成侵入岩为霞石正长岩；浅成侵入岩为霞石正长斑岩；喷出岩为响岩。此外，还有一些特殊岩石，如玻安岩是高镁低钛的安山质岩石，与拉斑玄武岩、细碧岩一起构成岛弧的早期阶段火山岩系。

◆ **矿物组成**

由于化学成分的差别，矿物成分也有所不同。钙碱性中性岩主要矿物成分为角闪石和中性斜长石；钙碱 – 碱性中性岩主要矿物成分为角闪石、碱性长石、中酸性斜长石，其次有辉石和黑云母，该系列中偏碱性的岩石还常含有碱性辉石、碱性角闪石和小于 5% 的似长石；过碱性中性岩主要矿物成分为碱性长石、碱性辉石和碱性角闪石，其次为富铁的黑云母，并含有 5% ～ 50% 的似长石为其特征。

◆ **结构构造**

深成中性岩主要为半自形中细粒结构，少数为半自形中粗粒结构。浅成中性岩主要为斑状结构、半自形细粒结构。喷出岩主要为斑状结构、隐晶质结构。岩石构造常为块状构造，也可见条带状构造、斑杂构造。

◆ **产状与分布**

侵入岩多为岩床、岩盆、岩盖、岩脉和规模不大的岩株，较少成独立岩体，常与其他火成岩共生。喷出岩产状多为岩钟、岩穹和规模较小的岩流。中性岩既可以与基性岩或酸性岩密切共生，也可以与碱性岩有亲缘关系，因此其成因十分复杂。即使是安山岩，也因其产出构造环境不同而有不同的成因解释。

角斑岩

角斑岩是中性海相喷出岩。因外貌致密似角质得名。1874年首先由德国地质学家C.W.冈贝尔提出，成分与安山岩、粗面岩、英安岩相当，但以高碱为特征：氧化钠（Na_2O）和氧化钾（K_2O）含量之和为5%～13%，一般为8%，Na_2O含量大于K_2O。岩石为浅褐、浅绿、灰绿色。多具斑状结构，斑晶主要为钠长石或钠 - 更长石。偶见暗色矿物如辉石、角闪石、黑云母，但多已绿泥石化、绿帘石化。基质多为隐晶质，呈粗面结构、微晶结构或霏细结构。基质矿物成分为钠长石或钠 - 更长石、钾长石、石英（含量0～20%）、绿泥石、绿帘石、黝帘石、方解石、沸石、榍石和铁质矿物的微晶。如果钾长石多，并有黑云母，K_2O较高（$K_2O > Na_2O$），则称为钾质角斑岩；如果石英含量大于20%，则称为石英角斑岩。角斑岩与碱性粗面岩和蚀变强烈的安山岩容易混淆，此时要从岩石产状和岩石共生组合来区别。角斑岩有特定的产状，是"优地槽"火山作用的产物，总是和细碧岩、石英角斑岩共生，组成细碧 - 角斑岩建造。而强烈蚀变的安山岩常常产出于矿体附近的蚀变带中。角斑岩因不含碱性暗色矿物，如霓辉石、霓石、钠闪石等，也不含似长石而与碱性粗面岩相区别。角斑岩在前震旦纪至古生代及燕山期均有大量形成，在中国主要分布于西北秦岭地区，如甘肃、青海、陕西和湖北西北部等地，西南地区也有出露。

正长岩

正长岩是不含或仅含少量石英、主要由碱性长石组成的中性偏碱性深成侵入岩。英文名称 syenite 来自埃及地名阿斯旺的旧称——赛伊尼（Syene），原指该地所产的红色粗粒角闪石黑云母花岗岩。德国地质学家 A.G. 维尔纳将此名用来称呼缺少石英的、由角闪石和长石组成的结晶岩石。正长岩多为浅灰红、肉红、黄白等色。

结构多为半自形-他形中细粒、中粒结构。块状构造，也可见条带状构造和斑杂构造。主要矿物为钾长石、中-更斜长石、角闪石、辉石和黑云母，也可有少于 5% 的石英。钾长石可见卡式双晶和格子双晶；斜长石常发育较好的聚片双晶，双晶单体较细密。副矿物主要为磁铁矿、磷灰石、榍石和锆石。正长岩常见的次生变化有绿泥石化、帘石化、泥化、绢云母化、碳酸盐化和硅化等。根据暗色矿物种属的不同，可细分为角闪正长岩、辉石正长岩、黑云母正长岩。

一般不形成独立岩体，常与花岗岩、花岗闪长岩及碱性岩共生，成为其他岩体的一部分。若形成独立的正长岩体，一般都是一些小型的岩盆、岩盖或不规则小岩体等。与正长岩类有关的矿产主要是夕卡岩型铁矿。与碱性正长岩有关的有铀、稀土、铌、锆、磷灰石、磁铁矿等矿床。与变正长岩有关的有热液型铀矿。某些正长岩还是很好的建筑材料、装饰石料。有些深色矿物含量很少的正长岩可作为陶瓷工业原料。

粗安岩

粗安岩是中性火山岩。成分与深成的二长岩相当，介于粗面岩和安山岩之间的过渡岩石，是粗面安山岩的简称。岩石多为灰色、灰白、黄白和肉红色。具斑状结构，基质为粗面结构或玻基交织结构。块状构造，有时有气孔构造。化学成分中二氧化硅（SiO_2）平均含量为 58.15%，氧化钠（Na_2O）+ 氧化钾（K_2O）6% ～ 8%，氧化钙 5% ～ 7%。从 SiO_2 与 Na_2O+K_2O 含量的关系看属偏碱性岩石。根据 Na_2O/K_2O 比值，可进一步分为钠质粗安岩（$Na_2O/K_2O > 1.5$），钾质粗安岩（$Na_2O/K_2O < 1.5$）。岩石主要由斑晶和基质组成，斑晶多由斜长石（中 - 拉斜长石）和暗色矿物（辉石、角闪石和黑云母）组成，也可见少量碱性长石斑晶。基质主要为微晶矿物，包括斜长石（中 - 更斜长石）和碱性长石的微晶，也可有少量玻璃质。有的斜长石斑晶有钾长石的镶边，形成正边结构。碱度偏大的粗安岩还含有碱性暗色矿物（主要为霓辉石、含钛辉石）和少量的似长石（< 5%）。粗安岩多见于晚造山期或构造上相对稳定的地区，常与玄武岩、安山岩、流纹岩共生，或与碱性玄武岩、粗面岩、响岩等共生。产状以中心式喷发为主，形成较小规模的岩流、

杏仁状粗安岩

岩钟。中国江苏、安徽中生代火山岩地层中有粗安岩分布。与粗安岩有关的矿产主要为铁、铜及黄铁矿等。

粗面岩

粗面岩是二氧化硅（SiO_2）近于饱和而碱质较高的中性喷出岩。SiO_2 平均含量为 60% 左右，氧化钠 + 氧化钾含量为 8% ～ 13%。粗面岩一般具块状构造，有时呈流状构造。通常有数量不等的斑岩，基质为全晶质粗面结构，有时可见球粒结构。当碱性长石微晶呈宽板状或近等轴粒状无定向排列时，称正长斑岩结构。粗面岩主要由碱性长石组成，并含少量斜长石、石英和铁镁矿物。根据次要矿物种属，可对粗面岩做进一步命名，常见的有石英粗面岩、黑云粗面岩、钠闪粗面岩、霓

粗面岩标本

辉粗面岩、白榴粗面岩和蓝方粗面岩等。其中前两种岩石称为钙碱性粗面岩，后三种岩石称为碱性粗面岩。关于粗面岩的成因，一种观点认为粗面质岩浆是派生岩浆，并且主要与岩浆同化作用有联系；另一处观点认为是碱性玄武岩分异作用的产物，分异作用有两种演化趋势，其一是向碱度增大的方向发展，即碱性玄武岩→粗安岩→粗面岩→响岩，其二是向酸度增大的方向发展，即碱性玄武岩→粗面岩→碱性流纹岩。与粗面岩相当的深成岩是正长岩。

安山岩

安山岩（andesite）是中性火山岩。英文名来源于南美洲西部的安第斯（Andes）山脉。岩石多为灰、暗灰、灰绿、紫褐等色。化学成分中二氧化硅（SiO_2）平均含量为58.17%，氧化钠（Na_2O）为3.48%，氧化钾（K_2O）为1.62%，氧化钙（CaO）为6.79%。岩石具斑状结构，基质为交织结构、玻基交织结构（安山结构）。块状构造，也有气孔构造和杏仁构造，杏仁主要为硅质和碳酸盐类。斑晶主要为斜长石（中-拉斜长石）和角闪石，其次为辉石、黑云母。斜长石斑晶常有清晰的聚片双晶和环带构造，有时有熔蚀现象。基质由斜长石（中、更斜长石为主）、辉石、绿泥石微晶和玻璃质组成。碱性长石和石英少见，多呈不规则状充填在微晶间隙中。副矿物为磷灰石和铁质氧化物。根据暗色矿物斑晶成分的不同，安山岩又可分为辉石安山岩、角闪安山岩。

和黑云母安山岩。安山岩与玄武岩相像，可根据 SiO_2 含量区分，安山岩 SiO_2 含量多为56%～63%，玄武岩 SiO_2 含量小于53%；根据橄榄石和伊丁石斑晶判断，如果有橄榄石和伊丁石斑晶出现，基本上可确定为玄武岩。安山岩成分与深成的闪长岩相当，次生变化主要为绿泥石化、绿帘石化、碳酸盐化、泥化等。在热液的作用下，还可形成青磐岩化而成变质安山岩。安山岩产状多为岩流、岩穹，主要分布在

角闪安山岩

活动大陆边缘、造山带及近代火山岛弧区，如环太平洋周边有广泛的安山岩分布，有"安山岩线"之称。中国从前震旦纪到新生代有较多的安山岩发育，主要出露在东部及沿海地区。与安山岩有关的矿产有铁、铜、金、银、铅、汞等。色泽美观的安山岩可做良好的装饰石材和建筑石材。

二长岩

二长岩是中性侵入岩。发现于欧洲阿尔卑斯山，是正长岩向辉长岩或闪长岩过渡的种属。岩石多为灰白、浅肉红色。斜长石和钾长石含量接近相等，二者均大于30%，具典型二长结构。斜长石较自形，他形的钾长石夹杂在斜长石之间或斜长石被嵌在钾长石之中。岩石主要为块状构造，亦有条带状构造、斑杂构造。浅色矿物主要为斜长石和钾长石，二者含量相近，其变化范围为35%～65%，斜长石

角闪黑云石英二长岩

为中-拉斜长石。暗色矿物主要为辉石、角闪石和黑云母，含量20%～30%，可有少量石英，含量小于5%。根据暗色矿物的种属，二长岩可进一步分为辉石二长岩、角闪二长岩、黑云母二长岩。二长岩很少成独立岩体出现，多与正长岩或闪长岩共生构成杂岩体。自然界二长岩分布较少，与二长岩有关的矿产主要为夕卡岩型铁矿。中国部分二长岩的化学成分是二氧化硅为56%～62%、氧化钙为4%～6%、氧化钠＋氧化钾为6%～8%、氧化镁为1.1%～1.6%、氧化亚铁＋氧化铁

为 4.5% ～ 6.8%，河北、山西、湖北、内蒙古、广东等地均有发现。

闪长岩

闪长岩是深成侵入岩中常见的种属。灰色为主，结构多为中细粒或中粒半自形粒状结构。构造常为块状，少数可见斑杂构造、条带状构造。一般暗色矿物含量约占 30%，浅色矿物约占 70%，主要矿物为普通角闪石和中性斜长石，次要矿物有辉石、黑云母、钾长石（＜ 10%）、石英（＜ 5%），次要矿物含量是可变的。如果有钾长石或石英，这两种矿物一般都成他形填隙状充填在较自形的角闪石和斜长石之间，有时钾长石还可包围在斜长石的周边上。典型的闪长岩中斜长石常常发育有较好的环带构造和聚片双晶。根据闪长岩所含的主要暗色矿物不同，可分为角闪闪长岩、辉石闪长岩、黑云母闪长岩。二氧化硅含量平均为 57%，如石英含量大于 5% 而小于 20%，可称为石英闪长岩。闪长岩常见的次生变化：铁镁矿物常发生绿泥石化、绿帘石化、纤闪石化，长石类矿物主要发生钠黝帘石化、绢云母化和泥化，也可有绿帘石化和碳酸盐化、硅化等。闪长岩较少以独立岩体产出，多与辉长岩或花岗岩体共生，如果形成独立岩体，常为小岩株、岩盆、岩盖、岩床、岩脉等。中国云南、四川、安徽、江苏、湖北、河北、山东等地均有闪长岩产出。与闪长岩有关的

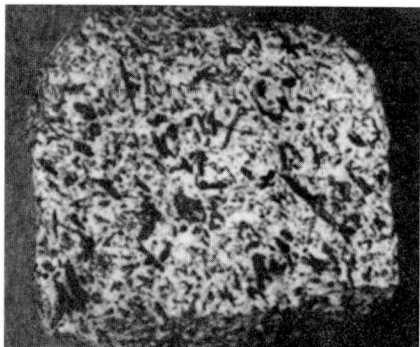

闪长岩标本

矿产主要是铜、铁夕卡岩型矿床，矿床主要形成在闪长岩与碳酸盐岩的接触带上，如湖北大冶、安徽铜官山、河北武安、山东莱芜均有此类矿床。闪长岩有较强的抗风化能力，是较好的建筑石材和装饰石材。

斑　岩

斑岩是以斑状结构为特征火成岩的总称。斑岩一词，由玢岩演变而来。玢岩由德国矿物学家 G. 阿格里科拉于 1546 年首先引入文献，用以描述埃及的淡紫色、具斑点的岩石。此后在很长时期内，斑岩和玢岩分别泛指变化了的，具斑状结构的粗面质安山质岩石。大多数斑岩和玢岩在化学成分上属于中性岩和酸性岩，因此常见的斑晶是石英、碱性长石和斜长石，石英常发育六方双锥，具高温石英外形；碱性长石常为透长石、正长石和歪长石，具隐条纹构造或亚显微条纹构造；斜长石一般是中长石，常受岩浆熔蚀或生成钠质斜长石膜，也可以因岩浆流动作用，构成斜长石的聚合斑晶。习惯上将含碱性长石和石英斑晶，或只含其一的斑状结构的岩石称为斑岩，如花岗斑岩；将含斜长石斑晶的称玢岩，如闪长玢岩。以结构特征对斑岩命名，若含斜长石又兼有碱性长石和（或）石英斑晶，仍称为斑岩，如花岗闪长斑岩。含大量自形（有时半自形）铁镁矿物斑晶的斑状岩石，一般为中、基性或超基性脉岩，称作煌斑岩；辉绿玢岩是指含斜长石斑晶的基性浅成岩。钠长斑岩和苦橄玢岩分别

辉绿玢岩

是含钠长石斑晶和橄榄石斑晶的斑状浅成岩。无论是斑岩还是玢岩，都是岩浆作用两阶段结晶的产物，其斑晶和基质之间矿物粒级悬殊，斑晶由早期阶段岩浆结晶产生，形成于地下较深部位；而细粒或隐晶质基质为浅位晚期阶段岩浆结晶的产物。就最终侵位深度而言，斑岩和玢岩都属浅成岩，并常呈岩墙、岩脉、岩床或小侵入体产出。斑岩和玢岩随斑晶数量的减少和斑晶与基质之间粒度大小的接近而过渡为深成岩，如斑状花岗岩是相当于花岗斑岩的深成岩或半深成岩；斑岩和玢岩又随斑晶数量减少和基质粒级减小（直至隐晶质或玻璃质）过渡为喷出岩，如斑状流纹岩是相当于浅成相流纹斑岩的喷出岩。与斑岩或玢岩有关的金属矿产，常称为斑岩铜矿、斑岩钼矿、斑岩钨矿、玢岩锶矿等，这些都是与浅成岩浆作用和岩浆期后作用有成因联系的重要矿物。有些半风化的粗面质或粗安质斑岩因含人体所需的多种微量元素，并被溶出，称为麦饭石。

第 3 章

沉积岩

沉积物指陆地或水盆地中的松散碎屑物，如砾石、砂、黏土、灰泥和生物残骸等。主要是母岩风化的产物，其次是火山喷发物、有机物和宇宙物质等。

◆ 分布

沉积岩分布在地壳的表层。在陆地上出露的面积约占 75%，火成岩和变质岩只有 25%。但是在地壳中沉积岩的体积只占 5% 左右，其余两类岩石约占 95%。沉积岩种类很多，其中最常见的是页岩、砂岩和石灰岩，它们占沉积岩总数的 95%。这三种岩石的分配比例随沉积区的地质构造和古地理位置不同而异。总的来看，页岩最多，其次是砂岩，石灰岩数量最少。沉积岩地层中蕴藏着绝大部分矿产，如能源、非金属、金属和稀有元素矿产等。

◆ 化学成分

随沉积岩中的主要造岩矿物含量差异而不同。例如，泥质岩以黏土矿物为主要造岩矿物，而黏土矿物是铝-硅酸盐类矿物，因此泥质岩中二氧化硅（SiO_2）及氧化铝（Al_2O_3）的总含量常达 70% 以上。砂岩中石英、长石是主要的，一般以石英居多，因此 SiO_2 及 Al_2O_3 含量可高达 80% 以上，其中 SiO_2 可达 60% ~ 95%。石灰岩、白云岩等硫酸盐岩，以方解石和白云石为造岩矿物，氧化钙或氧化钙＋氧化镁含量大，SiO_2、Al_2O_3 等含量一般不足 10%。

◆ 造岩组分

包括碎屑组分、化学－生物化学组分、蒸发化学组分、有机质衍变组分、火山喷发组分、宇宙物质组分等。

碎屑组分

按物质来源又分下列几种：①陆源碎屑。指由早先生成的岩石经风化、剥蚀形成的碎屑，包括岩石碎屑和矿物碎屑。陆源矿物碎屑主要是硅－铝质的。②内碎屑。主要指沉积盆地内产生的碎屑，它是沉积盆地中固结的或半固结的沉积岩经水流、风暴、滑塌或地震等作用再次破碎而形成的。常见的是碳酸盐岩的内碎屑，也有泥质岩、铝质岩、磷质岩、硅质岩、石膏岩甚至盐岩的内碎屑角砾或砾石。③生物骨骼碎屑。多半是盆地内的钙质壳生物碎屑或壳体堆积而成，如甲壳类和珊瑚等，也包括微体动物的壳和壳屑，以及藻类和藻类的碎屑等。

化学－生物化学组分

其中包括若干化学沉淀的组分。例如，由硅、铝、铁、锰、磷和硅酸盐等组成的矿物可由沉积区的化学条件控制，如铝－硅酸盐黏土矿物和铝矿物；也可由化学条件支配又受到生物、微生物细菌等的促进，如有些铁、锰、铜、铅等沉积矿物组分；还有一些元素主要依靠生物体提供，如磷质岩中的磷来自海洋生物骨骼或陆地的鸟粪，硅质放射虫岩来自放射虫的硅质壳及硅质海绵等。

蒸发化学组分

半封闭盆地内最常见的蒸发组分是方解石和白云石。在封闭盆强烈蒸发条件下，可出现石膏、硬石膏、石盐、镁盐或钾－镁盐，或天然碱、苏打等。蒸发组分与干旱气候环境有关。

有机质衍变组分

各种低等和高等植物的根、茎、叶的堆积物和各种陆生的和水生的高等、低等以及微体动物的堆积物的有机质部分经埋藏和细菌分解，可衍变为由碳、氢、氧不同比例聚合而成的有机酸、脂酸、糖、纤维素和有机碳等多种衍生组分，构成煤、石油、天然气、油页岩等的主要成分。此外，有一些自然硫、锰、铁、铜、铅、锌、铀等在沉积岩中的聚集，也是在微生物或细菌活动的参与下造成的。

火山喷发组分

由于火山喷发而进入沉积岩的物质，包括凝灰质、矿物晶屑、喷发的岩石碎屑和岩浆的浆屑等。陆地的火山喷发和海洋的火山喷发都可带来这些组分。海底火山喷发，还可由火山喷出的热水、气体等，把多种元素离子，如硅、铁、磷、镍、铜、铅、锌、锰、铀等，带入海水。这些元素经过富集，可在沉积岩、沉积层内形成矿床，或促进有关的沉积矿床的形成。

宇宙物质组分

在沉积岩中含少量宇宙物质，如陨石、宇宙尘。宇宙尘的研究不仅可了解沉积岩本身，而且还可进一步了解各地质时代沉积岩形成时，天体可能发生的某些事件或变化。

◆ 形成

沉积岩是由风化的碎屑物和溶解的物质经过搬运作用、沉积作用和成岩作用而形成的。形成过程受到地理环境和大地构造格局的制约。古地理对沉积岩形成的影响是多方面的。最明显的是陆地和海洋、盆地外和盆地内的古地理影响。陆地沉积岩的分布范围比海洋沉积岩的分布范围小；盆地外沉积岩的分布范围或能保存下来的范围，比盆地内沉积岩的分布或能保存下来的范围要小一些。大地构造环境对沉积岩的形成及其以后的变化有多方面的制约。例如在陆内造山带形成山前粗碎屑砾岩层序；在陆内断陷盆地、洼地和山前拗陷盆地，可形成湖泊、干盐湖或湖沼沉积；在稳定大陆块或克拉通之上的陆表海内，常形成厚度不大的砂质岩或碳酸盐岩组合；在大陆与火山岛弧之间或弧后海沟一带，可形成厚度很大而且包含火山岩和火山碎屑岩的韵律层状沉积岩；在大陆架到深海的斜坡带形成滑塌堆积岩或混杂岩等。古气候对沉积岩的形成的影响在陆地范围内非常明显。在干旱古气候条件下，形成大面积的陆相红色粗细碎屑岩，这是由于沉积物中的氧化铁常氧化为三氧化二铁。潮湿气候条件下，有机质丰富，进入沉积物中使沉积岩颜色成为暗灰或黑色。盐类在炎热干旱气候形成，煤炭在温暖潮湿气候聚集，都说明古气候对沉积岩形成是有制约作用的。生物在地质历史时期的进化、繁盛或衰亡对沉积岩的形成有明显影响，元古宙时期还未出现大量的海生动物群，因此，世界各地的中、晚元古代地层都包含大量叠层石藻灰岩，据认为在显生宙以后大量海生动物出现并以食藻为生，因而叠层石灰岩大为减少。在石炭纪，全球性的植物繁茂，形成了大量煤炭层。古水动力条件对沉积岩的形成的影响表现为不同的水流条件形成不同的沉积或造成不同的结构构造。山前和河流的水流主要是由高处流向低处的定向水流，常形成分选差的、具单向交错层理的洪积和冲积沉积。在滨海带，潮汐带主要是往复流动的双向水流，常形成分选好的、具鱼骨状交错层理的滨海和潮汐沉积。在海洋中还有风暴流、浊流等深流造成碎屑岩的结构、构造和造岩成分的差异。此外，有些沉积岩形成后还受到地下潜水流的影响，使石灰岩发生白云岩化和硅化等次生变化。此外，冰川和风也可搬运碎屑物，在特定条件下，形成冰碛岩和风成岩。

◆ **结构**

指组成沉积岩的组分的大小、形状和排列方式。它既是沉积岩分类命名的基础，也是确定沉积岩形成条件的重要特征和参数。按不同岩类有所区别。

碎屑岩的结构

指碎屑颗粒本身的特征（粒度、圆度、球度、形状及颗粒表面特征），基质和胶结物的特征，碎屑颗粒与基质和胶结物之间的关系（胶结类型）的总和。粒度以颗粒的直径来计量。它是反映碎屑岩形成环境的重要特征之一。圆度、球度和形状是表征碎屑颗粒形态的 3 个特征参数。圆度指颗粒的原始棱角受机械磨蚀而圆化的程度。球度指颗粒接近球体的程度。颗粒的表面特征指颗粒表面的磨光度及显微刻蚀痕。如砾石表面的冰川擦痕、刻擦痕、撞痕和凿痕或凹坑；石英砂表面的各种刻蚀痕、溶蚀痕和撞击痕。基质和胶结物是充填在碎屑颗粒之间的填隙物质。基质又称杂基，是粗、中碎屑岩石中较细粒的机械充填物，通常是细粉砂和黏土物质。当颗粒之间留下孔隙而无细粒的物质时，则造成颗粒支撑结构，而大小颗粒和泥质一起堆积下来便形成杂基支撑结构。胶结物是化学沉淀的物质，可分为原生和次生两种。常见的胶结物有碳酸盐、硅质、铁质和磷质等。根据基质和胶结物与碎屑颗粒的相互关系，可分出各种胶结类型，如基底式、接触式、孔隙式、充填式、溶蚀式和嵌晶式等。

黏土岩的结构

按岩石结晶程度可分为非晶质黏土结构、隐晶质黏土结构、显微晶质黏土结构、粗晶黏土结构和斑状黏土结构。按黏土矿物结合体的形状分为胶状黏土结构、鲕状黏土结构、豆状黏土结构和碎屑状黏土结构。此外，还有生物黏土结构和残余黏土结构等。

碳酸盐岩的结构

包括粒屑结构、生物格架结构、晶粒结构和残余结构。①粒屑结构。由颗粒、泥晶基质和亮晶胶结物组成。颗粒与泥晶、亮晶的相对含量可以反映岩石形成环境的介质能量条件。颗粒多、亮晶多则介质能量高；颗粒少、泥晶多则介质能量低。碳酸盐岩胶结物的结构类型有栉壳状、粒状、再生边及连生胶结等。胶结类型也可分为基底式、孔隙式和接触式等。②生物格架结构。主要由原地固着生长的群体造礁生物形成的一种坚硬的碳酸钙格架。③晶粒结构。晶粒主要成分是方解石，其次是白云石。

火山碎屑岩的结构

根据不同粒级的火山碎屑物在火山碎屑岩中的含量可分为 4 种基本结构类型：集块结构、火山角砾结构、凝灰结构和火山尘结构。此外，还有塑变结构、沉凝灰结构和凝灰碎屑结构。

◆ 构造

由成分、结构、颜色的不均一引起的沉积岩层内部和层面上宏观特征的总称。它有无机和有机的，有原生和次生的。

原生沉积构造

沉积阶段机械作用生成的构造。是沉积环境的标志。它包括 3 种构造：①层间构造。流体侵蚀冲刷先期沉积物的表面痕迹和堆积形态。它能指示风、水流、波浪的运动方向。波痕是最常见的层间（面）构造。它是流体流经底床时床沙运动的形态，又称底形。②层内构造，又称层理。

流体在搬运过程中由载荷物质垂向和侧向加积形成。细层是组成层理的最小单位，代表瞬时加积的一个纹层。层系是在成分、结构、形态相似的一组细层，代表一个持续水动力状况的加积物。层系组由一系列相似的层系所组成。不同特征的层系组分别构成水平层理、波状层理、板状交错层理、楔状交错层理、槽状交错层理。不同层理是实验水槽或天然水道中水流牵引床沙形态变化和迁移形成的。不同流态的床沙形态迁移加积，形成各种层理。低流态时（水的冲刷力弱），由无颗粒运动的平坦底床形成水平纹理；由小型沙纹形成各种小型交错纹理；由沙波和沙丘分别形成板状交错层理和槽状交错层理。高流态时（水的冲刷力强），由粗颗粒平床形成平行层理（带剥离线理）和由逆行沙丘形成逆行沙丘交错层理。粒序层理又称递变层理，指粒度由下而上有递变现象的沉积层。粒度自下而上由粗递变细的称正粒序；粒度做反向递变的称逆粒序。前者主要发育于现代浊流沉积和古代复理石层中。后者见于浊流沉积和某些颗粒流沉积中。粒序层理偶尔可见于牵引流（如河流）和三角洲沉积。③层的变形构造。又称同生变形构造。它是在准同生或沉积期后可塑性变形作用中形成的。变形作用有垂向为主和侧向为主之分。垂向变形的，主要由沉积物液化、重荷、潜水渗透、水位变动等原因造成的，如盘状构造、泄水构造、重荷构造（球－枕构造）、帐篷构造等。侧向变形的，主要由断裂剪切、重力滑帚、水流拖曳诸原因形成的，如滑塌、滑坡、变形层理（同生揉皱）、伏卧前积层等。大规模的侧向变形作用往往能诱导出垂向变形构造。

次生或多因素生成的构造

大多数产于碳酸盐岩和其他内源岩中。其中包括：①结核构造。岩中存在一个成分与主岩有差异的核形物体，是在物理化学条件不均匀状况下，某种成核物质从周围的沉积物或岩石向成核中心富集而形成的。结核可在沉积岩形成作用的各个阶段形成。②鸟眼构造。碳酸盐岩中似鸟眼状孔隙被亮晶方解石或硬石膏充填的构造。大小多为 1～3 毫米，多平行层面排列。多产于潮上带，少数亦产于潮间带。它是由于露出水面的沉积物干燥收缩、灰泥中产生气泡或藻类腐烂而产生的孔隙，被亮晶充填沉淀而成。③缝合线。由于压溶作用形成垂直层面分布的锯齿状、尖锋状、指状等形态的裂缝。常见于碳酸盐岩中，也可出现于砂岩、硅质岩和盐岩层中。缝合线处常遗留有较多不溶残余物质。缝合线可用于了解岩石形成环境和油、气、水运移条件。

生物成因构造

由生物活动形成的原生沉积构造。包括生物生长沉积构造和生物扰动构造。①生物生长沉积构造。是由生物的生长作用形成的一类特殊的沉积构造。主要产于碳酸盐岩和其他内源岩中。其中叠层石构造是由富藻的和贫藻的碳酸盐（或其他内源沉积）的双纹层构造生长叠置而成。叠层构造的形态特征和变化，与藻类黏结作用的光合作用强度、水流速度和排气强度有关。核形构造是无固着基底滚动悬着生长而成。凝块构造是只有生长构造外形，没有内部叠层构造。②生物扰动构造。是由生物的扰动和挖掘作用形成的沉积构造。又称生物侵蚀构造。其中足迹是动物的足趾留在沉积物表面的印痕。移迹是由于无脊椎动物蠕动爬行或啮食，在沉积物表面产生的沟槽。潜穴是由无脊椎动物在未完全固结的沉积物内部，为了居住或觅食所挖掘的各种洞穴、管道。常见的有呈垂直管型、斜交管型、水平管型和复杂分支管道系统等。钻孔是无脊椎动物为了寻食或庇护，在已固结岩石质海岸、海底或生物钙质壳上凿蚀的各种孔洞。钻孔一般分布于未被海侵沉积物覆盖的岩石质海底上，为判别海侵和海岸线的标志。生物扰动变形层理系指生物在沉积物中活动引起的对原生层理构造的变形和破坏，并形成由规则状、不规则状、斑迹状以至完全均质化结构的层理。

◆ 分类

国内外存在多种沉积岩的分类方案。应用更广泛的为根据沉积的形成作用来划分沉积的基本类型。①主要由母岩（指原先存在的沉积岩、岩浆岩和变质岩）风化物质组成的沉积岩。沉积岩的最主要类型还可以根据母岩风化产物的类型（碎屑物质及溶解物质）和其斑岩沉积作用的不同（机械的和化学的），再划分为两类：碎屑岩和化学岩及生物化学岩。碎屑岩还可以根据其主要的结构特征（粒度），再进一步划分为砾岩、砂岩、粉砂岩和黏土岩。化学岩和生物化学岩还可以根据其主要成分特征，再进一步划分为碳酸盐岩、硫酸盐岩、卤化物岩、硅岩和其他化学岩。②火山碎屑岩。主要由火山碎屑物质组成的沉积岩。可以根据其成分结构特征再进行细分。③生物岩。又称有机岩。主要由生物遗体组成的沉积岩。还可以根据其是否可燃，再划分为可燃生物岩（如煤和油页岩）和非可燃生物岩。④陨石岩。主要由宇宙物质来源组成的沉积岩。

◆ 分布

沉积岩的形成和分布在不同的地质时期有不同特征。

元古宙沉积岩

相对比显生宙的沉积岩老，而比太古宙变质岩年轻的岩石。虽然元古宙（25亿年前至5亿多年前）沉积岩一般只分布在大沉积盆地的边缘，出露面积较少，但是其中包含了地球早期发展的信息。例如，27亿年前后全球分布硅铁沉积岩（硅质条带状铁矿）、16亿年前后出现火山岩和火山碎屑沉积岩、6亿～7亿年前后出现大面积冰川沉积岩（冰碛岩）以及大范围的叠层石白云岩等。此外，在中国华北发现了世界上最古老的宇宙尘，最古老的蓝细菌、藻类丝体以及其他早期生命活动的遗迹。元古宙的20亿年期间，发生的地震、海啸、风暴、山崩、地裂、冰川、火山爆发等地质事件很多，这些地质现象在元古宙沉积岩中都可能找到记录。地质学家认为，元古宙时期大气中含二氧化碳多，海水中含镁比较高，是造成白云岩形成的主要原因，另外当时海洋中还没有出现以食藻类为生的动物，这就造成叠层石化石得以普遍保存。元古宙沉积岩形成在一种还未完全了解的沉积环境中。

显生宙沉积岩

距今约 4.5 亿年以后，地球上的沉积岩中，海相和陆相的生物化石大量出现，这是显生宙沉积岩的特点之一。显生宙沉积岩主要分布在地球上的大小盆地内部，但随着造山带的崛起，在有些盆地的边缘也可以见到褶皱了的显生宙沉积岩，甚至是变质了的显生宙沉积岩。显生宙沉积岩中含有许多无机和有机矿产，如铁矿、锰矿、石盐矿、石膏矿、煤矿、石油和天然气等。有一些沉积矿产的分布是全球性的，如石炭—二叠纪的煤矿。在显生宙沉积盆地中发现的石油、天然气资源占了全球的90% 以上，而这些沉积矿产都和砂岩、页岩、石灰岩、白云岩等共生在一起，因此，研究沉积岩的分布有重要意义。

白云岩

白云岩是以白云石为主组成的碳酸盐岩。白云岩为提炼金属镁的原料，并可用作炼铁添加剂。

◆ 成分

有理论白云石、原白云石、淡水白云石和盐水白云石。①理论白云石是钙离子（Ca^{2+}）、镁离子（Mg^{2+}）为 1∶1 的有序结构的碳酸盐矿物，古代地层中白云石多属这种矿物。②原白云石是 Ca^{2+} 与 Mg^{2+} 之比大于1的结构有序性较弱的白云石，主要产出于现代沉积中。它在地表条件下稳定，只有加温到200℃以上时，才能去掉晶格中多余的钙，形成理论白云石。所以，在常温常压下原白云石不容易向理论白云石转化。③淡水和低盐度地下水中缺乏离子竞争和结晶缓慢而形成的有序结构白云石。这类白云石发现于现代河流、淡水湖泊、洞穴沉积及土壤硬壳中。④盐水白云石是高盐水环境中 Mg^{2+} 浓度高，结晶很快时形成的 Ca^{2+} 与 Mg^{2+} 之比 < 1/5 或 1/10 的无序结构白云石。

◆ 分类

按形成阶段分为下列3类：①同生白云岩。是沉积成岩作用早期或准同生形成的泥晶白云石组成的白云岩。构均匀致密，粒度通常小于0.03毫米，层位稳定，发育细微层理，很少含化石，无白云石交代方解石的迹象。②成岩白云岩。是成岩过程中碳酸钙被镁离子交代而形成的岩石。白云岩多呈细晶结构，白云石为 0.1 ～ 0.01 毫米的粒状不规则菱形晶，晶粒常呈浑浊状，含较多碳酸钙残余包体或具云雾状核心结构，常可见到白云石交代碳酸钙颗粒及生物壳体的痕迹，成岩白云岩通常为似层状、透镜状产生，与石灰岩接触界线不规整。③后生白云岩。又称次生白云岩。是已固结成岩的石灰岩再经镁离子交代而形成的白云岩。具明显不均匀的交代结构，白云石粒径粗大，而且大小不一，发育自形菱面体和环带构造。岩石多孔隙，层理不明显，仅可见残余

白云岩标本

层理构造和生物残核。后生白云岩体与周围未受白云石化的石灰岩呈突变接触关系。

◆ 成因

白云岩成因一直是地质学中的一个难题。几乎所有人工合成白云石实验证明，只有在高于 200℃ 温度条件下才能合成有序的理论白云石。在 200～120℃ 合成的大都是无序的原白云石。20 世纪 60 年代有人认为，用提高温度、增加试剂浓度、降低反应速度的方法，可以控制白云石的结晶程度和有序性。近代沉积白云石已经在加勒比海的安德鲁斯岛、美国南部的佛罗里达湾、澳大利亚东南沿海的库隆潟湖、波斯湾南岸卡塔尔－阿布扎比潮滩等地陆续发现。近代白云石沉积物以有序性不好的原白云石为主，主要形成于 0～3 米的潮上带或出现在潮间和潮下带 pH 大于 9 以上和比正常海水盐度高 5～8 倍的碱化水中。从热力学平衡理论上看，不可能从海洋水中直接沉淀有序白云石，因此提出先生成碳酸钙矿物，被溶液中 Mg^{2+} 交代形成白云石的白云石化作用的各种理论，如渗滤回流作用、蒸发泵毛细管作用、调整白云石化作用和混合白云石化作用等理论。此外，也提出在淡水和低盐度水体中因缺乏白云石形成的竞争离子和缓慢结晶速度可以形成有序白云石的理论——淡水白云石成因说。厚度巨大的层状白云岩的成因有待进一步研究。

硅质岩

硅质岩是由化学或生物化学作用形成的以二氧化硅为主要造岩成分的沉积岩，又称燧石岩。硅质岩一般含二氧化硅（SiO_2）在 80% 以上，常可达 95% 以上。其中 SiO_2 矿物不是来自碎屑，而是来自生物的硅质骨骼、壳体或碎片，由化学作用直接沉淀或交代作用产生。火山活动可提高海洋中的硅质含量，也是硅质岩中硅的主要物源。硅质岩中主要矿物是蛋白石、玉髓和自生石英。

◆ **结构构造及成因**

硅质岩有两大类结构：①生物结构。在硅质岩中显微镜下可看到放射虫、硅藻或硅质交代残留的钙藻等。②非生物的化学沉淀结构。原生沉淀的硅质一般是非晶质结构，但是经过成岩作用，非晶质蛋白石转变为结晶质玉髓和石英，成为结晶质结构。硅质岩分为层状硅质岩和结核状硅质岩，以及不规则交代的硅质岩等构造。硅质岩有由硅质壳生物堆积的、化学沉淀的、成岩结核化的和硅质交代碳酸盐岩的等多种成因，但是海水中硅质的富集往往与火山活动带来的硅质有联系。

◆ **分类及分布**

硅质岩分为 3 类：①生物硅质岩。包括由放射虫球状体堆积而成的放射虫硅质岩；主要由硅质海绵骨针堆积并由化学沉淀的 SiO_2 胶结形成的海绵硅质岩；主要由硅藻组成，并由黏土质充填或混杂胶结而成的硅藻土。放射虫硅质岩又可分两大类：一类是地槽型放射虫硅质岩，与深海洋壳型蛇绿岩、混杂岩共生，在中国西藏的三叠 - 侏罗系、新疆的寒武 - 奥陶系和内蒙古的泥盆系中都有这类放射虫硅质岩；另一类是地台型放射虫硅质岩，与浅海碳酸盐岩和碎屑岩共生，出现在地台的裂陷带，在中国广东下二叠统的当冲组和江浙一带的鸡山组都有这类放射虫硅质岩。硅藻土在陆相湖泊中沉积较丰富，在中国的山东、吉林和云南

等地，有多处古近－新近系沉积的硅
藻土矿床。②化学硅质岩。由沉积的
或交代碳酸盐或其他矿物的 SiO_2 为主
要成分的岩石，质地坚硬，一般称为
燧石岩。含氧化铁杂质的，称铁质碧
玉岩，常呈红色、绿色或黄色；含有

含泥质硅质岩

机碳的，称碳质碧玉岩，常呈黑色；燧石岩和碧玉岩在元古宙的地层中
经常出现。③凝灰硅质岩。由脱玻化玻屑为主要造岩成分的蛋白石岩，
又称瓷土岩。其中蛋白石呈超显微状球体集聚状，孔隙多，质地较轻，
含少量黏土成分，是火山灰沉积在湖、海中改造而成的一种特殊的硅质
岩。凝灰硅质岩或瓷土岩常出现在中生代以后的地层中，例如在中国黑
龙江、嫩江一带有其分布。

◆ **用途**

硅质岩的用途随其成分和结构特征不同而异。如洁白纯净的硅质岩
可作为玻璃原料；含硅藻丰富的硅藻土可用作滤清材料或隔音材料；颜
色光泽美丽的碧玉岩可做宝石或雕刻工艺品的原料；瓷土岩可做轻体建
筑的原料等。

碳酸盐岩

碳酸盐岩是沉积形成的碳酸盐矿物组成的岩石。主要为石灰岩和白
云岩两类。碳酸盐岩和碳酸盐沉积物从前寒武纪到现在均有产出，分布
极广，约占沉积岩总量的 1/5 ～ 1/4。碳酸盐岩本身也可是有用矿产，

如石灰岩、白云岩及菱铁矿、菱锰矿、菱镁矿等，广泛用于冶金、建筑、装饰、化工等工业。碳酸盐岩中储集有丰富的石油、天然气和地下水。世界上碳酸盐岩型油气田储量占总储量的50%，占总产量的60%。与碳酸盐岩共生的固体矿产有石膏、岩盐、钾盐及汞、锑、铜、铅、锌、银、镍、钴、铀、钒等。

◆ **矿物成分**

主要由文石、方解石、白云石、菱镁矿、菱铁矿、菱锰矿组成。现代碳酸钙沉积主要由高镁方解石、文石及少量低镁方解石组成。低镁方解石最稳定，文石不稳定，高镁方解石最不稳定。后两者在沉积后易转变成低镁方解石。因此，古代岩石中的碳酸盐矿物多是低镁方解石。碳酸盐矿物的结晶习性和晶体特征与形成环境有关。碳酸盐岩中混入的非碳酸盐成分有：石膏、重晶石、岩盐及钾镁盐矿物等，此外还有少量蛋白石、自生石英、海绿石、磷酸盐矿物和有机质。常见的陆源混入物有黏土、碎屑石英和长石及微量重矿物。陆源矿物含量超过50%时，则碳酸盐岩过渡为黏土或碎屑岩。

◆ **结构**

碳酸盐岩常见结构包括：①粒屑结构。一般是经过波浪、潮汐和水流等作用或重力流作用的搬运、沉积与成岩而成的碳酸盐岩常具有的结构，其由粒屑（或颗粒）、泥晶基质（或灰泥杂基）、亮晶胶结物构成。粒屑有内碎屑、鲕粒与豆粒、核形石、团粒、团块及骨粒等。内碎屑按粒径大小分为砾屑（＞2毫米）、砂屑（2～0.062毫米）、粉屑（0.062～0.032毫米）、微屑（0.032～0.004毫米）和泥屑（＜0.004

毫米）。砾屑的排列方位、粒度组成和分选性是分析碳酸盐沉积物沉积环境的重要标志。由核心体和碳酸盐沉积物同心层组成的粒径小于 2 毫米的球形或椭球形颗粒为鲕粒。鲕粒形成于动荡的高能浅水，如浅滩、潮汐沙坝等。由富藻纹层围绕核心体组成的包粒为核形石（藻包粒），形成于中等高能浅水环境。由泥晶碳酸盐矿物组成、不具内部构造、表面光滑的球状、椭球状颗粒称球粒或团粒，是生物作用使灰泥球粒化而成的，常出现于潮坪之中。外形不规则的复合颗粒集合体为团块及凝聚颗粒等。骨粒包括钙质生物骨屑与化石，其显微结构，按方解石（文石）晶体的空间形成，分为由光性方位不一致的三向大致等轴的粒状方解石（文石）集合体组成的粒状结构，广泛见于低等生物中；由平行或放射状排列，一向延长的细柱或纤状方解石（文石）晶体组成的纤（柱）状结构，为刺胞动物、节肢动物、轮藻藏卵器的主要结构；由厚度小于 1～2 微米、近于平行的方解石（文石）薄片叠积而成的片状结构，常见于软体动物、腕足类、苔藓虫或蠕虫栖管中；全部或局部由一致消光的方解石单一晶体或双晶组成的单晶结构，是棘皮动物的主要特征。钙质生物化石的显微结构有从粒状→纤（柱）状→片状→单晶结构的演化趋势。生物的类型与丰度、生物颗粒的大小、分选与磨圆，可提供重要的环境标志。泥晶基质主要由微晶方解石（原始沉积为文石）组成，粒度小于 0.03 毫米，是与颗粒一起沉积的。泥晶基质的存在表明沉积物沉积环境的水动力较弱。微晶方解石可由颗粒经机械磨蚀作用提供、生物遗体解离出来、碳酸钙（$CaCO_3$）过饱和溶液化学沉淀而成。亮晶方解石胶结物，亦称亮晶胶结物，是粒间孔隙之中化学沉淀的方解石，粒度大于 0.03

毫米。由亮晶方解石胶结的粒屑结构，说明颗粒是在水动力较强的高能环境中沉积而成的。②生物骨架结构。指原地生长的群体生物，如珊瑚、苔藓虫、海绵、层孔虫等坚硬钙质骨骼所形成的格架。另外，一些藻类，如蓝藻和红藻，其黏液可以黏结其他碳酸盐组分，形成黏结骨架。③晶粒结构。根据碳酸盐矿物晶粒绝对大小可分为巨晶、极粗晶、粗晶、中晶、细晶、极细晶、微晶和泥晶。也可根据晶粒自形程度分为自形晶、半自形晶和他形晶。④残余结构。是由于交代作用或重结晶作用不彻底，在白云石化灰岩及重结晶灰岩中常具有石灰岩的各种残余结构。如残余鲕状结构、残余生物结构、残余内碎屑结构等。

除上述结构外，碳酸盐岩还发育孔隙结构，包括：①原生孔隙。形成于沉积同生阶段，如粒间孔隙、遮蔽孔隙、体腔孔隙、生物钻孔、窗格和层状空洞等。②次生孔隙。形成于成岩及后生作用的溶解改造，如粒内、铸模、晶间及其他溶蚀孔隙。

◆ **构造**

包括生物成因构造和特殊构造：①生物成因构造。如由蓝绿藻形成的叠层构造，表现为富藻纹层与富碳酸盐纹层交互叠置。不同类型的叠层构造可反映形成环境的水动力条件的强弱；由生物活动形成的各种虫孔和虫迹构造，可指示生物特征及活动情况。②特殊构造。如毫米级大小的、常呈定向排列的、多为方解石或硬石膏充填的形似鸟眼的鸟眼构造，主要出现于潮上带；碳酸盐沉积物充填在碳酸盐岩孔隙中形成的示顶底构造，表现为孔隙下部首先充填暗色的泥晶或粉晶方解石，其后上部为浅色的亮晶方解石或盐类矿物充填，二者界面平直，并平行于水平面，此构造可判断岩层顶底。岩层断面上呈锯齿状曲线（缝合线），它在平面上是一个起伏不平的面。一般认为缝合线是在压溶作用下形成的。还有与碎屑岩相似的构造。

◆ **分类**

碳酸盐岩的分类方式包括：①成分分类。采用白云石、方解石和非碳酸盐矿物的三端元图解，将碳酸盐岩分成 8 种类型。②结构成因分类。可将碳酸盐岩分成亮晶异常化学岩、泥晶异常化学岩、泥晶岩（正常化学岩）、原地礁灰岩、交代白云岩等类型。

◆ **成因**

碳酸盐岩是自然界中重碳酸钙溶液发生过饱和,从水体中沉淀形成。现代和古代碳酸盐沉积主要分布于低纬度带无河流注入的清澈而温暖的浅海陆棚环境以及滨岸地区。这是因为碳酸盐过饱和沉淀需要排出二氧化碳（CO_2）气体，海水温度升高和海水深度变小都有利于水中 CO_2 分压降低，促进重碳酸钙过饱和沉淀。另外，温暖浅海环境，生物发育，藻类光合作用均需要吸收 CO_2，也促进 $CaCO_3$ 的饱和和沉淀。底栖和浮游生物还通过生物化学和生物物理作用直接建造钙质骨骼，形成生物碳酸盐岩。机械作用在碳酸盐岩形成中占有重要位置。在浅海带中一经沉淀的碳酸盐沉积物就受到水动力带能量的改造、簸选和沉积分异，形成以机械作用为主的各种滩、坝颗粒碳酸盐沉积体。同时，波浪、

大洋碳酸盐岩

潮汐流、风暴流搅动海盆地，促使海水中 CO_2 迅速释放，由新鲜的水流带来充分的养料，加速生物繁殖，因而使碳酸盐沉积。在有陆源输入的浅海盆地，碳酸盐沉积受到排斥和干扰，形成不纯的泥质和砂质碳酸盐岩。在有障壁的潟湖和海湾，常常因海水中镁离子浓度增加，形成高镁碳酸盐岩和白云岩。在大陆湖泊碳酸盐岩中的颗粒中也可有内碎屑、鲕粒陆生生物骨粒等。淡水的河流、湖泊和泉水中，有一些皮壳状的碳酸盐岩，如钙泉华、石灰华。在干旱或半干旱区，碳酸盐过饱和时常常形成钙结岩。

石灰岩

石灰岩是主要由方解石组成的碳酸盐岩，简称灰岩。古代石灰岩则是由低镁方解石组成。石灰岩成分中经常混入有白云石、石膏、菱镁矿、黄铁矿、蛋白石、玉髓、石英、海绿石、萤石、磷酸盐矿物等。此外还常含有黏土、石英碎屑、长石碎屑和其他重矿物碎屑。现代碳酸钙沉积物由文石、高镁方解石组成。

◆ 分类

石灰岩主要有两种分类方法：一种是化学成分的分类，多被化工等部门采用；另一种是结构多级分类，多被地质、石油等部门采用。20世纪50年代末至60年代初提出的石灰岩结构分类主要有：①福克分类。该分类根据异化颗粒、泥晶基质、亮晶胶结物为三角图的三端员组分，将石灰岩划分为淀晶粒屑灰岩、泥晶粒屑灰岩和以泥晶方解石为主的正常化学灰岩。此外还划分出原地礁灰岩和重结晶灰岩。②顿哈姆的结构分类。是以颗粒和泥晶（或灰泥）为两端员组分的分类。将石灰岩分为4类，即颗粒岩、泥质颗粒岩、颗粒质泥岩、泥岩。③中国学者的结构成因分类方案。

石灰岩主要类型包括：①颗粒灰岩。由颗粒组分形成的石灰岩。大部分颗粒组分，如内碎屑、骨屑、鲕粒以及部分团粒和团块都是明显经过水流搬运作用形成的，但是一部分团粒、团块的形成并没有水流作用。因此，有人主张用异化粒表示此类石灰岩。通常按颗粒直径 2 毫米界限值分为细颗粒灰岩和粗颗粒灰岩。细颗粒灰岩主要由碳酸钙砂屑组成。又可按颗粒类型分为：砂屑灰岩、鲕粒灰岩、团粒灰岩、团块灰岩。砂屑灰岩和鲕粒灰岩通常由亮晶胶结，主要堆积于高能环境，如波浪和水流作用很强的开阔滨浅海陆棚区的砂嘴、砂坝、浅滩以及潮汐通道等沉积单元。粗颗粒灰岩主要由准同生碳酸钙砾石组成。典型的粗颗粒灰岩是砾石磨圆程度好，有氧化圈的竹叶状灰岩，产出于高能氧化的滨浅海环境。②泥晶灰岩。无黏结作用的极细粒泥状碳酸钙组成的石灰岩。按成因包括泥屑灰岩和钙质极细粒灰岩。前者指水流沉积的灰泥，是一种碳酸盐颗粒磨蚀到最细的产物；后者是指从水体中化学沉淀出来的细晶（泥晶）沉淀物。这两种石灰岩在实际工作中鉴定上存在很大困难，所以泥晶灰岩一词通常泛指极细粒石灰岩，而不考虑它们的成因。它们都属于静

核形石灰岩

水和低能带环境的产物。③叠层灰岩。主要由分泌黏液的藻类（蓝藻、绿藻），通过分泌碳酸钙，沉淀和捕集、黏结碳酸盐颗粒物质形成的岩石。因为它不是靠石化钙藻形成的，所以又称隐藻黏结灰岩。根据隐藻黏结作用的组构特征，将其分为层纹灰岩和叠层灰岩。层纹灰岩为明显水平隐藻纹层构造的黏结石灰岩。隐藻纹层系富含藻类有机质纹层和贫藻类的碳酸盐沉积纹层组成的双纹层构造。这种石灰岩主要产出于潮上和潮间低能环境。叠层灰岩是由向上穹起的隐藻纹层构造的黏结石灰岩。藻类作用成因的显微结构证据有藻类丝状体、藻细胞、藻类生长物形成的扇状或放射状微晶构造束以及藻类腐解留下的空洞（即海绵状构造、层状晶洞）。④凝块灰岩。无隐藻纹层的凝块状石灰岩。隐藻凝块体虽无内部纹层，但是具有叠层石的宏观外貌和类似向上生长的构造。与叠层灰岩相比，表面粗糙而欠光滑，常呈疙瘩状皱纹状或麻点状。凝块的内部显微组构为不均匀云雾状和海绵状，其中常含 1 厘米大小微晶方解石，并含少量碎屑颗粒和偶尔显不清楚的同心纹层。凝块之间具有亮晶方解石、粉砂级和砂级方解石沉积物充填。有时在凝块中有少量钙藻（葛万藻、附枝藻）微细丝状体。凝块灰岩的产出环境比较宽广，从潮间带至较深的潮下带。⑤障积灰岩。指海底含有原地带根茎的生物（钙藻、海百合、层孔虫、苔藓虫），通过自身的阻挡作用将携入的碳酸钙泥晶截获堆积而成。组成障积灰岩的基本物质是灰泥－泥晶方解石。障积灰岩岩体通常呈丘状，故又称灰泥丘或生物丘。丘体内部常见层状晶洞构造和有根茎的生物化石。⑥骨架灰岩，又称生物礁灰岩。这是一种造骨架的碳酸盐生物构筑体。骨架将碳酸岩沉积物黏在一起，形成固定在海底上的坚硬的具有抗浪性的碳酸盐岩礁。造骨架的生物有珊瑚、石枝藻、层孔虫、窗格状的苔藓虫和厚壳蛤类等，并形成不同的生物骨架灰岩。古代的骨架灰岩随着地质历史和生物演化而变化。每一个时期都有它特有的组合：寒武纪以古杯和钙藻为主；中－晚奥陶世以苔藓虫、层孔虫、板状珊瑚为主；志留纪和泥盆纪以层孔虫、板状珊瑚为主；晚三叠世和晚侏罗世以珊瑚、层孔虫为主；晚白垩世以厚壳蛤类为主；渐新世、上新世和更新世以六射珊瑚为主。骨架灰岩通常在海底形成一个隆起，超出于同期沉积物。隆起块体有点礁、礁丘、环礁、层状礁等，其形态和规模，决定于海水深度、温度、地形、盆地的升降速度以及海进海退变化等。⑦豹皮灰岩。一种具黄色、红褐色不规则斑状的石灰岩。貌似豹皮，故名。基质为隐晶或微晶方解石，斑纹主要为白云石。一般认为它是由白云化作用而成。中国寒武、奥陶系地层中常见。⑧燧石灰岩。含有深灰色或黑色燧石结核或条带，这种燧石可以是成岩期的，也可以是同生期的。中国震旦亚界常见。⑨白垩。是一种细粒白色疏松多孔易碎的石灰岩，质极纯，其碳酸钙含量＞97%，矿物成分主要为低镁方解石，可含少量黏土矿物及细粒石英碎屑，生物组分主要是颗石藻（2～25微米）和少量钙球。白垩生成于温暖海洋环境，其沉积深度从几十米到几百米。⑩结晶灰岩。泛指由结晶方解石或重结晶方解石组成的石灰岩。大部分结晶灰岩都是原生石灰岩经成岩重结晶作用改变了原生颗粒组分和生物黏结组分而形成的。因此，大部分结晶灰岩就是重结晶灰岩。重结晶灰岩可以不同程度地保留变余的原始结构特征。结晶灰岩也有原生的，如大陆地表泉水、岩洞或河水由蒸发作用形成的石灰华和泉华。石灰华是一种致密的带状钙质沉淀物。通常呈不规则块状构造的钟乳石和石笋，发育有从溶液中依次沉淀的方解石或文石晶体所组成的皮壳状纹层。多产出于石灰岩洞穴表面。钙泉华专指地表上海绵状多孔疏松的方解石或文石晶体沉淀物。多呈树枝状、放射状或半球状等构造特征，内部常保留有植物茎、叶的痕迹。产出于温泉、裂隙水出露的地表。⑪钙结岩，一种发育于干旱或半干旱地区土壤和细砂中的富石灰质沉积物。呈同心环带的似枕状体。显微镜下观察，可见由方解石组成的同心豆状和小结核。同心环充满收缩裂缝和溶蚀状态的碎屑石英和长石。钙结岩是沿毛细管上升的含灰质的水，经蒸发作用沉淀形成的。溶蚀状的石英和长石颗粒代表不同程度被钙质交代作用造成的。

◆ **用途**

石灰岩主要用于混凝土骨料和铺路基石，制造水泥和石灰，冶金工业中作熔剂，环保中用于软化饮用水及污水处理，农业中作土壤调节剂、家禽饲料添加剂，还可用于轻工、化工、纺织、食品等工业。由于石灰岩易溶蚀，在石灰岩发育地区常形成石林、溶洞等优美风景区，如中国贵州、广西、云南、湖南等省区，是宝贵的旅游资源。

蒸发岩

蒸发岩是在封闭、半封闭的环境中，由于干旱炎热气候条件下强烈的蒸发作用而形成的化学沉积岩，又称盐岩。蒸发岩中最常见的盐类矿物有天然碱、苏打、芒硝、无水芒硝、钙芒硝、石膏、硬石膏、石盐、泻利盐、杂卤石、光卤石和钾石盐；有的盐湖中还有固体硼砂矿物或含硼、溴、碘的卤水。蒸发岩一般具有结晶结构，有时可再结晶为数毫米甚至数厘米的巨晶结构。一般是层状构造，往往也有呈角砾状、泥砾状的次生构造，并形成盐溶角砾岩。蒸发岩的形成是由于封闭条件下水体蒸发、金属离子和酸根富集的结果。

把一盆海水放在阳光下自然蒸发，随着盐类矿化度的升高，会顺次结晶出方解石、白云石、石膏、硬石膏、石盐等蒸发盐类矿物。蒸发岩的主要类型有石膏岩－硬石膏岩、钙芒硝泥岩、石盐岩、光卤石岩和钾石盐岩等。由于不同地区或不同成岩时代陆地水和海水的化学性质不同（如氯化物型、硫酸盐型和混合型等），产生了含不同盐类的矿物组合的现代盐湖和不同盐类组成的古代盐类矿床。中国青海柴达木盆地中的察尔汗盐湖，沉积了光卤石矿层，青海和西藏的一些盐湖中有硼矿沉积。中国内蒙古、新疆的一些现代盐湖中天然碱相当丰富。中国云南勐野井存在由钾石盐组成的固体钾盐矿层，但储量很小，加拿大、俄罗斯和德国有很大储量的钾石盐矿床，是世界范围内的钾肥矿产供应地；泰国和老挝有古代的固体光卤石矿床；中国河南吴城发现了古代的固体天然碱矿床。盐湖或与固体盐层有关的地下卤水包括多种稀有元素，如硼、溴、碘、铯、锂等，都具有综合利用价值，西藏的盐湖中发现了含锂和铯的沉积矿物。蒸发岩可用于提炼钠，制造钠盐，也用于制造氯气、盐酸；钾盐用作农肥；石膏、硬石膏主要用作建筑材料、制造

层状硬石膏岩

水泥的添加剂和造纸填料；工业上用芒硝制取硫酸钠、硫酸铵和硫酸，可用于制革、造纸、染料、人造纤维、医药及冶金等多种部门；天然碱用来制纯碱和烧碱。

浊积岩

浊积岩是形成于深水沉积环境的各种类型重力流沉积物及其所形成的沉积岩的总和。对于浊积岩，较为通用的分类方案是由英国地质学家R.G. 沃克于1928年提出的经典浊积岩和非经典浊积岩两类。

◆ 分类

经典浊积岩

沉积物粒度较细（常为砂级）、具有不同段数的鲍马层序或序列的浊积岩。一个完整的鲍马层序是一次浊流事件的记录，由5个段组成。①底部递变层段。主要由砂岩组成，近底部可含砾石。粒度下粗上细，递变层理清楚。一般为正递变层理，反映浊流能力逐渐减弱的沉积过程。砂岩底部上常有冲刷－充填构造和多种印模构造，如槽模、沟模等。底部递变层段沉积厚度多为几到几十厘米，较鲍马层序其他段厚度大，代表高流态的递变悬浮沉积的产物。②下平行纹层段。下平行纹层段沉积厚度多为数厘米到数十厘米，与A段为渐变接触关系，比A段沉积物细，多为细砂和中砂，含泥质，具平行

浊积岩标本

层理，粒度递变层不太明显。平行层理主要是由片状碳屑和长形碎屑定向分布所致，沿层面揭开时可见剥离线理。B 段若叠加在 A 段之上，则两者是连续过渡的，若 B 段作为浊流沉积的底，则与下伏沉积单元呈突变关系，其间有冲刷面，这时 B 段底层面可见多种印模构造，反映了高流态的沉积水动力条件。③流水波纹层段。以粉砂为主，可见细砂和泥质，呈小型流水型波纹层理和上攀波状层理，常出现包卷层理、泥岩撕裂屑和滑塌变形层理。表明流水改造和重力滑动的复合作用。流水波纹层段与下平行纹层段、上平行纹层段两者是连续过渡沉积的；流水波纹层段若与下伏沉积单元呈突变接触，则期间可有冲刷面，并有多种小型底面印模构造。④上平行纹层段。该段由泥质粉砂和粉砂质泥组成，沉积厚度不大（多为数厘米），具断续水平纹层。此段若叠于流水波纹层段之上，两者为连续过渡沉积；若单独出现，则与下伏泥质沉积单元之间为清楚的岩性界面。⑤深水泥岩段。为远洋深水沉积的页岩或泥灰岩、生物灰岩层，含深水浮游化石或其他有机质，具微细水平层理或块状层理，与上覆层为渐变接触，其沉积厚度有赖于浊流发生的频率和强度。

非典型浊积岩

指难以用鲍马层序描述的，由沃克提出的 6 种粗粒浊流沉积类型。①块状砂岩。指沉积层内结构均一的砂岩或含砾砂岩，沉积厚度较大，其内部有时隐约显示叠覆递变特征。②叠复冲刷粗砂岩。常表现为似鲍马层序的"AAA"序，此处沉积层段"A"是指一个递变层或一次重力流事件。有时演变为似鲍马层序"ABABAB"序，每个递变层之上均连续沉积有厚薄不等的平行层理砂岩。③卵石质砂岩。是一种厚度较大、显叠覆递变的砾质砂岩层。每个递变层的下部砾石多，向上逐渐变少。由于砾石常是再沉积组分，故有一定磨圆度。砾石有时显示方位，多杂乱分布。④颗粒支撑砾岩。以再沉积砾石为主，砂级细粒沉积物质充填砾石之间的孔隙，并构成颗粒支撑结构。⑤杂基支撑的砂砾岩。支撑物质为粉砂和黏土，其杂基含量一般为 25% 左右。根据被支撑颗粒的大小和含量，可将杂基支撑的砂砾岩细分为杂基支撑砾岩、杂基支撑砂砾岩和杂基支撑砂岩等 3 种类型。⑥滑塌岩。泥砂混杂并具有明显同生变形构造的、不同于鲍马层序 C 段的岩层。随着砂级沉积物的减少，可过渡为具变形层理的泥页岩。

◆ **沉积构造**

浊积岩中常见的沉积构造粗层理类型外，还可见槽模、沟模、重荷模以及撕裂屑、旋涡层、变形砾、直立砾、漂砾砾、液化锥、液化管、碟状构造、水下岩脉和水下收缩缝等特殊构造类型。

◆ **浊积岩相**

具有以下特征：①可含浅水化石、植物屑的陆源碎屑沉积，与深水页岩组成韵律层，无浅水沉积构造，如大型交错层理、浪成波痕、泥裂等。②垂向层序中鲍马层序列不一定完整，递变层理为其最主要特点。③粒度资料显示悬浮和递变悬浮搬运沉积特点。④有滑动－滑塌及沉积物液化的证据——包卷层、滑塌构造和重荷模。⑤有高密度流动的侵蚀痕－底面印模构造（沟模、槽模等）。⑥泥岩沉积颜色深，反映深水缺氧沉积环境；砂岩沉积单层厚度薄（甚至只有数厘米），但在大面积上分布稳定。

◆ **矿产资源**

典型的浊积岩层常在侧向上异常稳定，分布面积可达 1 万～10 万平方千米以上。在活动带累积厚度很大，可达数百至万米，有些被称作复理石。虽然因富泥质、分选差，且受些变质而储集性欠佳，但因多频繁互层，在油田中常形成较好的生储盖组合，美国已有数十亿桶石油产自浊积岩储层。浊积岩及现代浊流沉积中还有储量巨大的深海性矿产（如铁、锰、镍、钴等）资源远景。

本书编著者名单

编著者 （按姓氏笔画排列）

王德滋　　田　成　　白文吉　　白文洁

戎嘉树　　吕　增　　刘昌实　　池际尚

李小伟　　李兆鼐　　李树勋　　李家振

李韵秀　　杨凤英　　旷红伟　　邱家骧

何靖宇　　沈其韩　　宋天锐　　张立飞

张鹏飞　　周新民　　孟祥化　　赵宗溥

贺同兴　　贺高品　　夏卫华　　彭　楠

彭卫刚　　程裕淇　　游振东　　鲍佩声